检验检测实验室质量控制技术 top - down 不确定度评定

王斗文　邓云　编著

中国质检出版社
中国标准出版社
北京

图书在版编目(CIP)数据

检验检测实验室质量控制技术 top - down 不确定度评定/王斗文,邓云编著. —北京:中国质检出版社,2017.1

ISBN 978 - 7 - 5026 - 4383 - 6

Ⅰ. 检… Ⅱ. ①王… Ⅲ. ①实验室管理 - 质量管理 Ⅳ. ①N33

中国版本图书馆 CIP 数据核字(2016)第 280431 号

中国质检出版社
中国标准出版社 出版发行

北京市朝阳区和平里西街甲 2 号(100029)

北京市西城区三里河北街 16 号(100045)

网址:www. spc. net. cn

总编室:(010)68533533 发行中心:(010)51780238

读者服务部:(010)68523946

中国标准出版社秦皇岛印刷厂印刷

各地新华书店经销

*

开本 787 × 1092 1/16 印张 9. 75 字数 249 千字

2017 年 1 月第一版 2017 年 1 月第一次印刷

*

定价:**35. 00** 元

前　言

检验检测是国家质量技术基础的重要组成部分，是国家治理体系的重要工具和技术支撑，也是国家鼓励发展的现代服务业、高技术服务业。

检验检测实验室为客户提供数据结果时，必须面对如何做到更加科学准确、如何避免检测风险等问题，引入不确定度概念后，对这些问题的认识得到了深化。

经过多年研究和实践，我们认为采用 top – down 不确定度评定方法，即在期间精密度测量条件下，利用质量控制技术和方法确认数据，分别将偏倚和不精密度两者带来的累积效应予以合并，即可视为不确定度的估计量。这种评定方法，具有简便与操作性强等特点，最大限度避免了由于变量间存在的协方差而导致交互效应无法估计、影响分量查找的不确定性和非正态繁琐的数学运算等问题。

本书可以为检验检测实验室管理人员、技术人员及广大科技工作者提供参考，也可以为研究不确定度评定的学者提供有益的帮助。

由于 top – down 不确定度评定方法在国内各检验检测实验室的普及运用尚未全面开始，限于我们对 top – down 不确定度评定研究水平，书中难免存在错误与疏漏之处，欢迎广大读者提出意见建议。

本书的编写和出版参考了国内外相关领域专家、学者的部分文章。

本书的编写和出版得到了德宏州质量技术监督综合检测中心、德宏州检测技术协会和中国质检出版社、中国标准出版社的支持和帮助，在此我们表示衷心的感谢！

编著者

2016 年 10 月于德宏芒市

目 录

第1章　基本概念与模型分析

1.1　不确定度的提出

检验检测实验室测量过程中给出的精密度和正确度有助于产品质量优劣和成败的动态监控，其监控的可靠性来自于测量不确定度（不确定度）的评定。鉴于测量结果接近“真”值或接受参照值（ARV）程度是准确度，要想获取实际值，则要求给出不确定度。本书提出的 top - down 做法，即将偏倚和精密度两者的效应合并为一个估计值，其中的期间精密度标准差（$s_{R'}$）可作为实验室“受控”状态能力的变量估计。

通常的受控研究属于每个实验室自己考虑的技术研究内容。GB/T 28043—2011《利用实验室间比对进行能力验证的统计方法》和 CNAS - GL02—2006《能力验证结果的统计处理和能力评价指南》作为实验室的质量评估依据。为了能合理获得方法的不确定度性能技术指标，实验室必须确保其处于统计过程控制（SPC），跟踪监控和分析系统的稳定性、精密度和偏倚是否处于动态受控状态、以及这种受控状态是否代表日常系统的性能，否则需查找系统今后要改进的具体措施，这样才会完成 GB/T 27025—2008《检测和校准实验室能力的通用要求》提出的技术要求，也是 top - down 评定的核心理念。

GB/T 27025 明确规定实验室需给出不确定度，这样的测量结果才会呈完整性和有效性。我国目前一直正在推行 JJF 1059.1—2012《测量不确定度评定与表示》国家计量技术规范，该规范是参考 ISO/IEC GUIDE 98 - 3（2008）《Uncertainty of measurement data—Part 3：Guide to the expression of uncertainty in measurement》而制定的。实际上，早在 20 世纪 50 ~ 60 年代，不确定度的研究就已展开。

（1）20 世纪 60 ~ 70 年代，作为计量领域的代表，NBS（美国计量科学研究院，NIST 的前身）就提出了不确定度的概念，并与美国 ASTM 给出了方法重复性、再现性和偏倚的要求，建议选择其中之一的解释：系统误差和随机误差均忽略；保留系统误差忽略随机误差；系统误差和随机误差均不能忽略；保留随机误差忽略系统误差。

（2）化学领域将方法性能分为准确性和精密度，认为前者应尽可能予以排除，后者可通过重复来减少效应。

（3）医学领域认为，小于限量的总误差应包括不准确度和不精密度。

（4）1994 年，Edition Guidelines for Evaluating and Expressing the Uncertainty of NIST Measurement Results，NIST Techniccal Note 1297、ISO GUM（ISO/IEC GUIDE 98 - 3 的前期版）和 ISO/IEC 17025—2005 General requirements for the competence of testing and calibration laboratories 出台,规定实验室要评定和报告不确定度。

(5)1979 年,从计量、校准和物理的角度上,国际上提出了量值溯源的不确定度需求。

那么,究竟怎样来评定检测实验室的不确定度呢?国际和国内的有关文件提到了如下观点和看法。

(1)ISO JCGM 104(2009)Evaluation of measurement data—An introduction to the"Guide to the expression of uncertainty in measurement and related documents"指出:"不确定度属于质量保证(QA)的核心概念",所以,不确定度的评定应该与质量控制(QC)活动紧密结合起来。

(2)ISO/IEC GUIDE 98 - 3 指出:"GUM 规定了通用原则而非技术程序,有必要出台各自领域下的评定标准"。

(3)ISO TC69 指出:"为避免不确定度低估的风险,可以根据长期的变异来对输出结果直接进行监控"。

(4)CNAS - GL06—2006《化学分析中不确定度的评估指南》指出:"实验室引入不确定度评估程序时,应该与其现有的 QA 措施结合起来,因为 QA 措施通常提供了评估不确定度所需要的很多信息"。

(5)GB/T 27411—2012《检测实验室中常用不确定度评定方法与表示》指出:"JJF 1059 正在广泛应用于各类检测实验室;在应用过程中,实验室尤为关注的是操作性强、实用而便捷的评定方法。本标准是在满足特定条件下,对 JJF 1059 的简化和延伸应用"。

上述国内外的观点无外乎均传递了这样一个理念,即在质量管理(QM)活动中,不确定度评定应该与 QA 和 QC 紧密结合起来。实际上,QA 和 QC 的某些活动是相互关联的,两者之间无本质上的区别,最终都是向客户负责,只是从管理和技术上的认识层面有所不同。所以,无论是提供外部的 QA 以及实施内部的 QM,都要从 QC 角度上着手。本书至始至终都在强调 QC 活动前提下的不确定度研究,至于 QM、QA 和 QC 三者之间的微妙区别,本书不予做过多的描述。

top - down 评定的统计动态跟踪监控的理念始终贯穿于 QA 和 QC 活动中,从总体意义上看,后者可称其为实验室的规范操作,属于实验室的一个关键组织基础,这种基础对分析测量系统的可靠性格外予以注意。为了能达到这种水准要求,实验室制定了许多相应的活动内容,而且不断地对其进行修正和更新,并形成系统化文件。然而,这决不意味着实验室由此就可以保证获得满意的质量数据来。这样就面临着一项很重要的工作内容,即检测实验室统计过程控制 SPC 活动的开展。应该认识到,不确定度的评定来自于 SPC,但确保实验室的 SPC 并非易事。从理论上来讲,若参加实验室能给出优良的能力验证(PT)质量数据,则该实验室的 QC 实施得就好,给出的不确定度就会合理,而且在今后 PT 中同样会有潜力给出其他相应的质量数据;反之亦然。

1.2　通用模型

理想情况下的测量响应仅随被测量而定,但这种响应还要考虑到测量系统、样品和标准的影响。测量系统涉及程序和试剂、仪器设备和人员操作等特性。被测样品和标准涉及变异和校准效应，由此会产生以下不同类型的误差。

(1)由于操作者、仪器、实验室、环境等因素，使得影响因素的平均值通常会在测量子体之间变动；如果对每个子体都进行校准，因子体内的变异响应，所实施的校准会引进随机校准误差。若真实的关系呈曲线时却使用线性模型，则校准曲线的模型误差会出现系统效应，见 GB/T 22554—2010《基于标准样品的线性校准》。

(2)未知样品的影响量不同于标准时，测量系统的性能也会不同，即由于被测量和响应之间的关系不同而产生系统误差。假设影响量之间再出现交互作用，那么子体间的变异单靠校准是不会消除的，可参见 GB/T 27408—2010《实验室质量控制　非标准测试方法的有效性评价　线性关系》。如果样品间的影响量不同，则每个样品就有可能产生系统误差，这种误差仅靠重复测量是不会减少的。而且针对不同样品的变异，影响量的交互作用同样会导致不同差异。

(3)如果影响量可测且其结果效应已知，则有可能进行修正，较小的修正误差即可替代原误差。实际上，影响量无法得知也不可能观察到，且经校准后的修正还具有以下分量：

——同一校准曲线使用下子体或批次内的随机变异；

——因校准和重复测量而产生的批次间随机变异；

——由操作者、仪器、试剂批等所导致的批次间变异；

——室内的变异导致室间的波动，由此引起室间的平均水平波动；

——样品变异依赖于水平被测量的函数关系；

——每个样品出现的系统或随机效应；

——诸多变异随时间渐进而非呈独立性变化。

如果上述误差分量呈独立性，则样品测量结果(y)的标准不确定度，即 $u(y)$ 按式(1－1)表述：

$$u(y) = \sqrt{u^2(\beta) + u^2(\delta) + u^2(d) + u^2(b_{\mathrm{lab}}) + u^2(b_{\mathrm{time}}) + u^2(b_{\mathrm{run}}) + u^2(\varepsilon)} \tag{1-1}$$

式中：$u(y)$ ——y 的标准不确定度；

$u(\beta)$ ——系统误差修正后的分量；

$u(\delta)$ ——偏倚分量；

$u(d)$ ——样品批次的随机误差分量；

$u(b_{\mathrm{lab}})$ ——实验室的系统误差分量；

$u(b_{\mathrm{time}})$ ——时间变异的系统误差分量；

$u(b_{\mathrm{run}})$ ——批次的校准系统误差分量；

$u(\varepsilon)$ ——批次的随机误差分量。

为了获取不确定度区间(包含区间)，标准不确定度要乘上一个因子 k，给出扩展不确定度 $U(y) = k \cdot u(y)$；其中，k 值的选择通常为 2～3。

测量结果的误差结构属于加法或线性模型。当误差分量的标准差依赖于被测水平时，即相对标准差独立于被测值,此时采用乘法模型更合适,即误差结构是以相对而非绝对来表述。有时,结果的对数变换可将乘法误差模型变成加法。如果批次来自于重复测量条件但没有实施校准环节时,也可使用式(1－1)模型。

实际上绝大部分检测方法是基于室间研究来完成的,这种研究给出了方法的重复性、复现性和正确度的估计,由此提供了室内和室间的方差分量,也提供了正确度的不确定度估计,详见 GB/Z 22553—2010《利用重复性、再现性和正确度的估计值评估测量不确定度的指南》。室间研究假定,所识别的、不可忽略的系统效应已被修正或排除,对于未涵盖的所有因素都应予以识别,由此产生的相关方差都要量化。所以,检测实验室可通过核查自身的偏倚和精密度,以确保所使用的方法符合其规定的性能。由此,如果偏倚和精密度处于受控的前提条件下,则更为简捷且有效的通用模型可由式(1－2)给出:

$$u^2(y) = u^2(\delta) + s_{R'}^2 \tag{1-2}$$

式中:$u(\delta)$——偏倚的不确定度,$u(\delta) = \sqrt{s(\delta)^2 + u(\mu)^2}$,其中,$s(\delta)$为平均值的不确定度,通过计算式

$$s(\delta) = \sqrt{\left(\frac{s_{R'}^2 - (\frac{n-1}{n})s_r^2}{N}\right)^2}$$

求得,n 和 N 分别为重复数和水平数;$s_{R'}$ 为期间精密度标准差;s_r 为重复性标准差;$u(\mu)$ 为 ARV 的不确定度。

当 $u^2(\delta)$ 可做忽略时,可直接取 $s_{R'}$,这种评定步骤如下:

(1)在期间精密度测量条件下,对类似基体和水平下的被测对象数据对差进行统计和监控,以减少外界条件变化所产生的不同影响;

(2)利用 Anderson Darling(AD)统计,对系列数据对差进行正态性和独立性检验;

(3)被测对象可溯源至标准样品(RM)、能力验证(PT)或参比方法,并对系列差值进行 t 检验;

(4)利用质量控制样品(QC 样)求得 $s_{R'}$ 的估计值;

(5)在确保系统受控与偏倚效应忽略的情况下,s_r 与 $s_{R'}$ 的统计合并即为不确定度估计值。

1.3 两种评定方法

评定不确定度有以下两种方法。

(1)top－down 方法

测量系统作为一个“黑匣子”,将模型中如下的各个参数分成系统误差和随机误差:

——内部质量控制(IQC)、能力验证(PT)或室间研究(ILC);

——有证标准样品(CRM)的测量；

——标准样品(RM)的加标回收；

——与参比方法比对测量。

(2) bottom - up 方法

根据不同的输入量(响应值、修正值、给定标准值等)，建立实际或假设的误差传播模型，估计和传播这些输入量的不确定度。

图 1 - 1 给出了两种评定方法的图解。

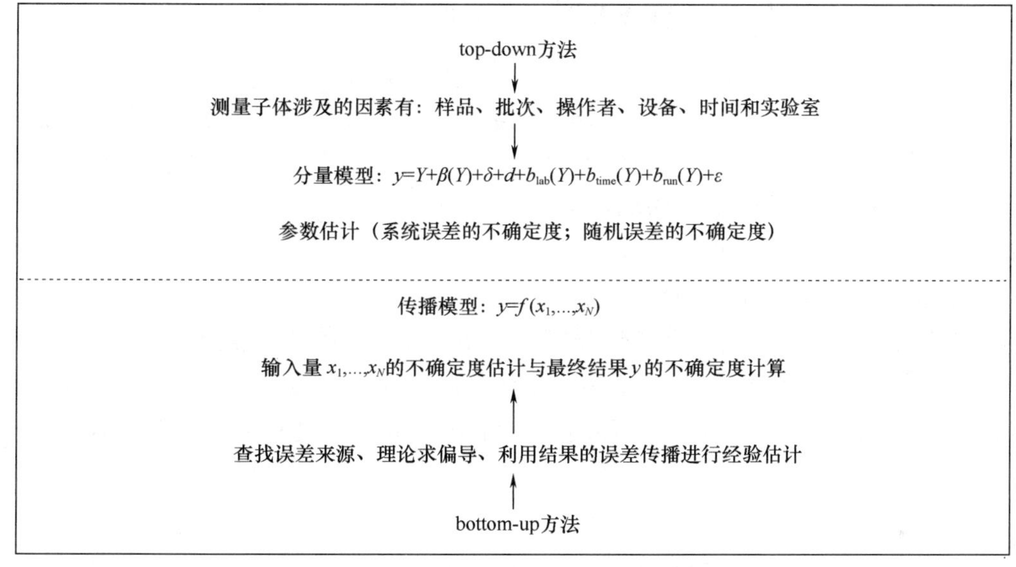

图 1 - 1　不确定度评定的两种方法

图中 $\beta(Y)$ 为系统误差修正值；δ 为总体效应；d 为样品批次随机效应；$b_{lab}(Y)$ 为实验室效应；$b_{time}(Y)$ 为室内变异时间分量；$b_{run}(Y)$ 为批次内分量；ε 为随机误差

两种评定方法都可结合使用进行互补，但两者都具有不同的局限性：

bottom - up 方法的不足在于，模型中仅包含已知的误差源，由此会导致不确定度低估的风险；

top - down 方法的不足在于，较难获得目标总体的代表性样品。

bottom - up 方法可以识别不同误差源的不确定度贡献，有助于方法优化；top - down 方法的模型涵盖了测量总体，有助于结果的解释和处理。

bottom - up 方法基于每个输入量对不确定度的贡献，模型中含有诸多输入影响量。这些影响量的修正不仅暗指它们的识别，还要考虑修正模型中的各种参数，其中，灵敏系数可通过理论求偏导，但有时也只能依靠稳健测试给出，然后贡献到不确定度的估计中。由此，不仅要识别出影响量的不确定度，还不能忽略各种参数的不确定度。实际上，这项工作难以完成，尤其是校准溶液和未知样品间的不同特性必然产生交互作用，若样品间的特性又发生变化，则会导致模型中各种参数同样变化。所以说，bottom - up 方法中的 $u(y)$ 物理解释不清晰，因其包含了靠判断的估计。

在不确定度评定过程中，国际上很多标准和文件也都在极力地推荐控制图技术的使用。例如，ISO/IEC GUIDE 98 –3 就提到，要识别所有影响量并建立完整的数学模型，通常很难做到。若条件允许，可利用控制图和核查标准，确保测量处于统计受控状态，最终给出可信的不确定度评定。所以说，top – down 方法是基于服从假定分布的随机变量，$u(y)$ 更容易观测和测量到，从而给出更直接的解释。

1.4　不同模型的操作与处理

当对识别的影响量做可能的修正后，即可建立理想和相关的模型结构，前者是指足可逼近实际结构，后者基于方法的应用来做分配。见以下测量系统中四种情况的分析：

①批次内重复测量处于随机波动且非呈显著趋势；

②校准液和样品等同处理；

③校准液和样品处于相同条件，其响应和浓度关系具一致性；

④所有样品处于相同条件下的等同处理，其响应和浓度关系具一致性。

情况①可通过随机性检验来做调查。有时可建立校准曲线，并通过质量控制样品（QC 样）和核查标准样品（CS 样）的控制图使用，来检查响应和浓度之间关系的样品结果是否出现变化。

情况②需要确认。

较难确认是否符合③和④的情况，唯一的办法只能做以下调查：

系统的变化（仪器、性能或操作）是否对校准液和样品同步，为了涵盖未识别的影响效应，可做析因试验；样品稀释和加标后，是否能获得一致性结果。

（1）满足①的理想模型

当上述四种情况中的所有条件均得到满足时，即视为理想情况下给出的模型。此时的标准液和样品均属于等同操作和等同处理，可采用式（1 –3）模型：

$$y = Y + \beta_{cal}(Y) + \beta_{curve}(Y) + b(Y) + \varepsilon \tag{1-3}$$

式中：$\beta_{cal}(Y)$ ——来自校准液给定值的系统误差，可从证书或制备过程中获知；

$\beta_{curve}(Y)$ ——来自校准曲线拟合的失拟误差，其赋予标准不确定度为 $\frac{D_{max}}{\sqrt{3}}$，其中 D_{max} 是标准液稀释的最大偏离。

$b(Y)$，ε ——分别为系统误差和随机误差。随机响应的标准差估计，可用多批次的批内 QC 样重复测量，其中，ε 涉及纯物质或校准液制备，制备过程中的随机误差可纳入 $b(Y)$ 、校准过程中的系统误差可纳入 $\beta_{cal}(Y)$ 。

对于简单的单点校准模型而言，批内样品和标准液的响应关系有：$y = (p/q)m$，其中，p 为样品响应；q 为标准液响应；m 为标准液的给定浓度。y 以输入量的显函数表述，假设响应依赖于浓度。

$u(y)$ 可通过输入量的不确定度计算。当 y 为输入量的乘法函数时，用相对不确定度 w 替代 u，则有：$w(y) = \sqrt{w^2(p) + w^2(q) + w^2(m)}$

其中，m 等同于 $\beta_{cal}(Y)$ 不确定度。

为测定 p 和 q 的不确定度，其 m 的目标值必须确定。p 和 q 的不确定度由批次内重复测量的 w 表述，相当于 $b(y)$ 和 ε 。至于 $\beta_{curve}(Y)$ 不确定度，已假设结果中不存在系统误差。如果引入假设修正，则会有：$y = a_{curve}(p/q)m$ 。由此，y 的相对不确定度可表示为：$w(y) = \sqrt{w^2(a_{curve}) + w^2(p) + w^2(q) + w^2(m)}$，其中，$a_{curve}$ 表示修正因子最佳估计为 1 时的不确定度。

(2) 未满足②的模型

如果被稀释未知样的测量程序中没有进行校准，则会引进系统和随机分量。若这些效应独立于不同样品特性时，可按如下简单的示例进行评定：

$y = h \times a_{curve}(p/q)m$ ，其中，稀释因子常数 h 对 p 有影响，p 目标值的合理确定可视为稀释响应的期望值，其涵盖了稀释误差的效应分量，则可对 h 赋予不确定度。

然而，稀释误差视为系统误差（含子体的恒定系统误差和批内随机误差），无法通过校准来消除。由此，y 的相对不确定度可表示为：

$$w(y) = \sqrt{w^2(b_h) + w^2(\varepsilon_h) + w^2(a_{curve}) + w^2(p) + w^2(q) + w^2(m)},$$

式中，b_h 和 ε_h 分别代表批次内系统误差和随机误差（不确定度信息来自稀释器具），稀释会改变样品特性，若使用同一器皿稀释时，可消除系统误差效应。然而，如果存在依赖于样品特性的效应，则无法从理论上进行推理，必须依靠试验做估计。

(3) 未满足③的模型

如果存在样品影响量，或未校准而使得校准液与样品的浓度及响应间产生不同关系，由此测量的结果会出现系统误差。系统误差修正和不确定度评定可分别采用 bottom - up 法和 top - down 法。

bottom - up 需要考虑所有关键的影响量修正，包括实际和假设修正，都应在误差模型中体现出来。实际上，要识别出所有关键的影响量并建立正确的修正模型，通常是无法做得到的。

top - down 属于对直接观测结果进行不确定度评定，其模型可简化为式(1 - 4)。

$$y = Y + \beta(Y) + b_{lab}(Y) + b_{time}(Y) + b_{run}(Y) + \varepsilon \quad (1-4)$$

式中：$\beta(Y)$ ——被测量的恒定函数，需靠修正来排除，但作为系统误差通常不被所知，只能用修正误差来替代。同标准差的处理方法相同，求出其标准差或标准不确定度。

系统误差的修正和估计可考虑如下三种方案。

第一种方案：

实验室的系统误差 $\beta(Y) + b_{lab}(Y)$ ，通过标准样品 RM 的长期测量，估计出修正值的不确定度、以及 $b_{time}(Y)$ 、$b_{run}(Y)$ 和 ε（所有不确定度和标准差可视为 Y 的函数）的标准差。

第二种方案：

参加方法的协同实验，同批次下每个实验室提交双实验结果，根据汇集结果求得方法的系统差 $\beta(Y)$ 估计、以及 $[b_{lab}(Y)+b_{time}(Y)+b_{run}(Y)]$ 和 ε（假设所有实验室操作相同）的标准差。系统误差的估计可用来作结果修正，然后将其和随机分量予以合并。若实验室所用方法等同其他实验室（室内精密度相同、实验室偏倚来自同一总体），即认为其结果不确定度有效。

第三种方案：

实验室若能持续参加 PT 计划方案，就有可能根据平均水平而发现其是否出现偏倚，进而对方法偏倚 $\beta(Y)$ 和实验室偏倚 $b_{lab}(Y)$ 进行修正。然后，实验室就可以将这些修正不确定度与 $s_{R'}$（期间精密度标准差）或 s_R（复现性标准差）一并予以合并。

（4）未满足③和④的模型

某些情况下，即便无法满足④，但会满足③。可分别采用 bottom - up 法和 top - down 法进行处理。

bottom - up 不能对样品影响量变异间的交互进行修正。然而，模型中必须纳入样品的影响量和估计参数。但这些影响量的交互效应很难识别、也无法观察到，由此要想获取可信的不确定度比较难。

top - down 可以通过实验室间比对来解决，利用参比方法的期望值，即可求得所研究方法的不确定度，其合理模型见式（1 - 5）：

$$y = Y + b_{lab}(Y) + b_{time}(Y) + b_{run}(Y) + \varepsilon \tag{1-5}$$

1.5 评定策略

图 1 - 2 给出了不确定度评定的策略概要。

基于理论判断或实验结果，来确定前述的四种不同情况。

若所有的判断情况具有其合理性，则可对不确定度进行评定。

如果处于理想状态下，但出现一个或多个问题时，可分别利用 bottom - up 法和 top - down 法进行解决。

然而，若测量系统中样品和交互因素之间出现影响量变异时，bottom - up 法的处理很难符合实际情况。

即便在所有测量条件下（无论是否经过校准），如果测量可以重复、且能获得标准样品或参比方法，都可采用 top down 法予以解决。

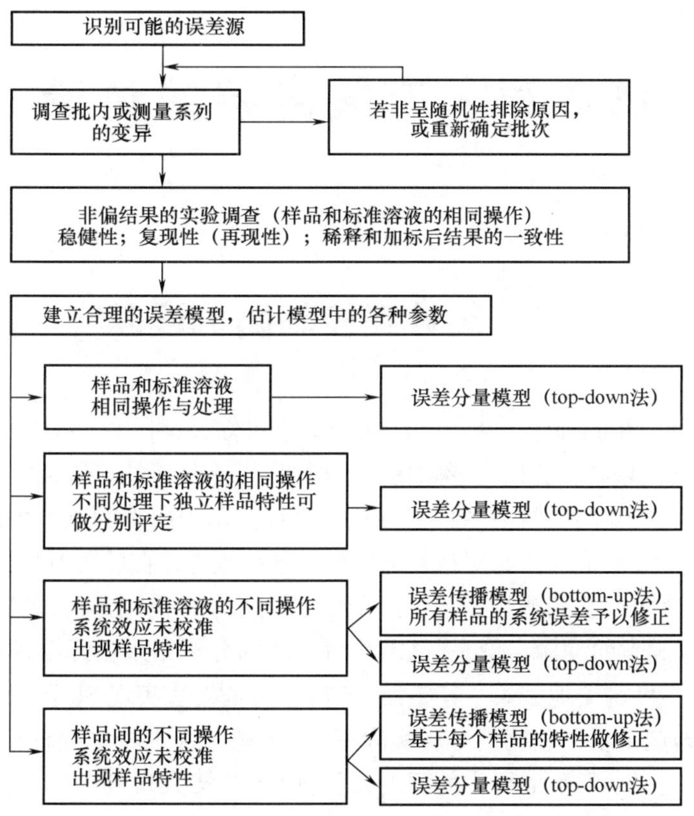

图 1－2　化学定量分析方法不确定度评定的策略概要

第 2 章　有关内容的讨论

2.1　统计受控与随机误差

本书贯彻了方差分析的理念。从 $y = a + bx + \varepsilon$ 中可知，x 和 y 之间应呈线性关系，因为点与直线的偏离是由未加因素和实验误差影响所致。所以，方差分析的显著性检验是基于实验误差的独立性和正态性；另一不可忽视的条件是方差稳定性。基于所得的试验数据来查找造成差异的原因，进而判断试验中各有关因素对结果的影响。这些概念将在后续内容中继续强化。

测量系统的准确性涉及溯源性，涵盖了精密度和偏倚的受控分析，若路径信息断开或丢失，结果就无法获得满意的溯源。但是，试图将每一步的分析结果溯源至各种标准中，实际上，这种耗费的操作会不可避免地丢失一些链结环节，最终是无法实现 SI 单位（质量、浓度、容量、温度）的完整性。即便是水平较高的分析实验室，其测量系统本身也存在很多影响因素，研究结果并非要使不确定度小到不能再小的程度，因为由此花费大量的劳力和代价在实践中既办不到也没有必要。本书认为，只有当测量处于统计控制之下，且忽略偏倚效应时，期间精密度标准差（ $s_{R'}$ ）才视为不确定度的合理估计。本书提出的动态监控模型将“测量”看作“过程”，用统计方法将其控制起来，确保最终给出的不确定度估计值尽可能合理。假设每个实验室都能遵循规定的内容要求，来进行测量系统受控下的不确定度分析，确保提交的样品结果都具有质量独立性，操作方差基本一致，汇总结果呈正态分布，则实验室质量保证（QA）和质量控制（QC）活动下的不确定度评定就会得到保证。

“检验”的严格把关并非代表 QA 活动的开展，现代 QC 活动视为统计过程控制（SPC）的实现，换言之，除非测量过程处于“统计受控”状态，否则，即便样品呈均态或仪器达最佳，也无法获得稳定的数据质量。这种“统计受控”也视为“稳定过程”，其常量均值只受随机（偶然）原因影响，可解释为是否具有“正态性”和“独立性”。所谓“正态性”可理解为基于正态总体的中心极限定理，来自于大量独立随机变量之和的极限分布；所谓“独立性”是指误差之间非具有相关性，否则会使得后续变量的合成变得毫无意义。由于 SPC 过程中观测值相互独立的假设经常无法满足，而导致数据的自相关趋势。本书以下提到的 AD_{MR} 检验是采用了移动极差技术，利用递差计算，来获取序列结果的平稳性。AD_{MR} 检验的逐次差分做法，能消除短期波动，有助于预测和检查误差项的自相关趋势。

本书在 SPC 过程的费用和风险权衡下考虑随机误差的贡献，这种 top down 方法的不确定度评定技术直观简便，对被研究的对象有一个相对全面系统的了解，且最大限度实现数据资源共享，实施费用低廉，有助于量值溯源。

2.2　期间精密度测量

所谓期间精密度限（ R' ）测量条件，是由不同人员提交结果对 QC 样品性能赋值，能最大限度地合成各方变异所带来的效应，会更好地反映出变异的真实性，也有助于避免通常情况下无法解决的交互作用。

期间精密度标准差（ $s_{R'}$ ）测量是解决随机误差的基本手段，因为系统的长期误差与时间间隔、人员操作、溶液配制、仪器校准、环境变化等因素有直接联系，这些因素在重复性标准差（ s_r ）测量条件下会掩盖组间效应，而且还要考虑其纳入相关性因素的复杂计算。也就是说，不确定度的评定过程中，$s_{R'}$ 测量能最大限度地解决这些局限性。所以，本书要求，实验室的测量系统必须进行 $s_{R'}$ 测量，这样才能正确实施不确定度的评定活动。

$s_{R'}$ 的测量涉及随机化的"顶层设计"方案，要求尽量避免变量间的交互，最大限度涵盖所有误差源的贡献。至于阶段性批次下给出的样本量（n）没有硬性规定，但至少应给出 $n=15$（通常 n 取值为 20～25）。因 n 太小将使测量结果的分散性比较大；n 太大也会使工作量增加，对改善测量结果分散性帮助不大，且测量时间过长，等精度条件不好控制。通常情况下，受测量条件的限制，每组测量中自由度（ν）不可能取得很大，但是合并统计控制下的多组测量，使 ν 变得很大，从而使测量结果精密度的评定质量大大提高。

$s_{R'}$ 的测量需很好地设计方案和选配 QC 样品，因这些样品代表了常规测量的基体和水平，最好不定期随机地将其混放在常规样品中一块进行测量。鉴于在日常工作中，经常会碰到基体影响和干扰等现象，尤其是当出现随机性系统效应时，无法判定"受控"还是"失控"，因为两者未有明显界限，例如，短时间的重复性限（r）呈常量，长时间的期间精密度限（R'）有可能呈变量，见图 2－1。

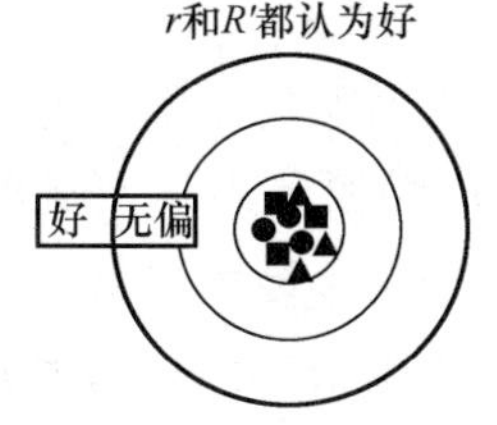

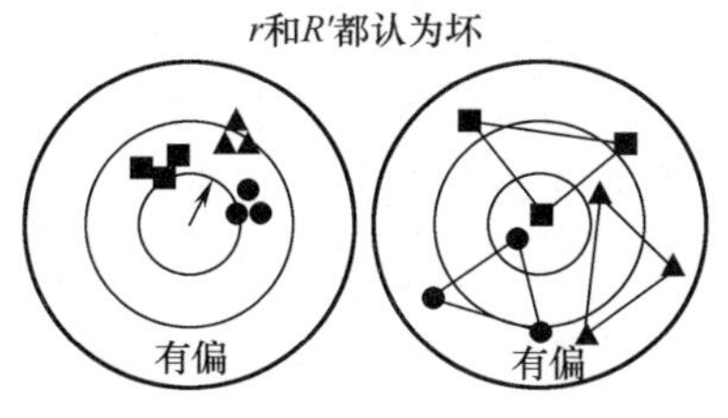

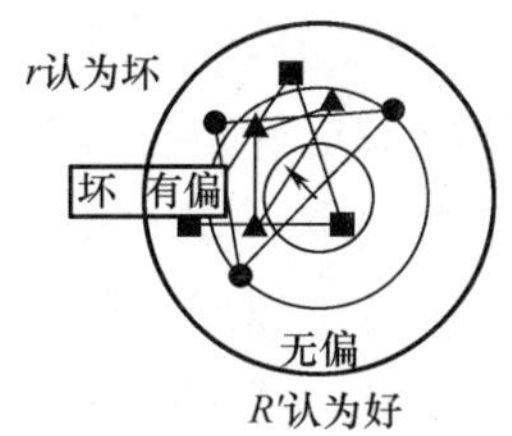

图 2－1　s_r 与 $s_{R'}$ 的不同理解

当 $s_{R'}$ 性能处于稳态水平，就应将其维持在控制图技术合适的规定水平上，无需察觉潜在的隐患；否则，暂停检测、追查原因、采取措施，重新着手预备数据做控制图分析，并再次判断过程是否处于受控状态。

一个系统经 F 检验差异不显著，也并非总是能考察出实验室的性能。如果判断超限，不能因为归咎于某种不明原因而贸然舍弃，应从技术性方面进行检查；同理，人为拔高精密度的做法不可取，这样做会破坏测量设计的完整性，影响结果的正确处理。

随时间的变化,不确定度必须进行重复评估。

后续介绍的 I/MR 控制图技术给出了阶段性 F 检验下的 MR 统计合并,因合并后的 MR 包含在时域测量范围内,在后续测量时对被测对象仅测一次,即可合理给出不确定度估计。这种 MR 合并跟踪监控评定的自由度很大,节省了以往重复实验所投入的控制费用和资源。由此,不确定度的评定与 SPC 紧密关联,达到有效的样本数据积累,最终的估计值是基于概率来决策给出的。

2.3 自相关趋势与失控准则

自相关意味着逐次观测值的相关程度,在统计上,属于随机过程 $Y(t)$ 的数字特征,有自相关函数 $R_Y(t_1,t_2)$ 或自协方差函数 $C_Y(t_1,t_2)$。序列自相关源于时间序列样本数据的产生,刻划 $Y(t)$ 在两个不同时刻状态之间的线性依从关系。也可以认为,状态 $Y(t_1)$ 和 $Y(t_2)$ 之间的线性依从关系仅与 (t_2-t_1) 有关。

从统计上来解释,"自相关趋势"视为"非平稳性",其时间序列分析具有以下特点。

——随着时间推移而发生变化,任意 t 时刻的观测数据受到所有时刻随机冲击的累积影响,若变异的可能性增大,引起序列的不平稳性也随之增大。

——非平稳性的时序会出现异常值、随机游动、漂移、趋势、异方差。

本书规定,实验室的测量系统不能出现"自相关趋势",否则,无法实施 top - down 不确定度的评定。考虑到自相关趋势现象,数据的汇集需遵循以下原则:

——汇集的数据时间间隔不能太短,并保证有充足的数据来估计过程的稳态状态;

——使用后续章节内容的 AD_{MR} 统计量,来判断测量过程中是否存在自相关趋势,进而进行预控和相应的处理;

——假如基体效应可做随机化处理,则应纳入到测量误差源的贡献中;

——经过以上处理后,所产生的序列平稳就不会对于未来的预测带来风险。

针对这种系统状态判断、以及给出的误报警失控准则,本书规定了凡超出上行动限(UCL)或下行动限(LCL)的结果,足以表明测量系统失控。正态分布下超出 $\pm3\sigma$ 的概率为 0.3%,这种情况极少出现,更多关注的是控制图中某些子样统计量的非随机排列,同样会显示出特殊原因的变异。或者说,如果系统处于统计受控,预期 99% 的数据必然落在控制限的范围内,但若存在自相关趋势,这种假设就不一定成立(见图 2 -2)。

失控准则与自相关性的理解紧密相连。图 2 -2 含义可理解为 α 值确定是基于小概率事件的 H_0 对 H_1 假设检验思想上所做的实际推断考虑。这种现象可解释为有可能犯第Ⅰ类错误概率(拒真概率),即:p(拒绝 $H_0 | H_1$ 为真) $=\alpha$。同理,H_1 为真时而接受了 H_0,会犯第Ⅱ类错误的概率(纳伪概率),即:p(接受 $H_0 | H_1$ 为真) $=\beta$。

犯两类错误的概率越小越好,但不可能同时把 α 和 β 都控制在最小值。通常的做法是在控制 α 概率下,尽量使 β 的概率小,这样,较之错误地接受 H_0,则更注重于拒绝 H_0。

正如从"统计受控"(稳定过程)的解释得知,特性的均值漂移或标准差变大会产生变异趋

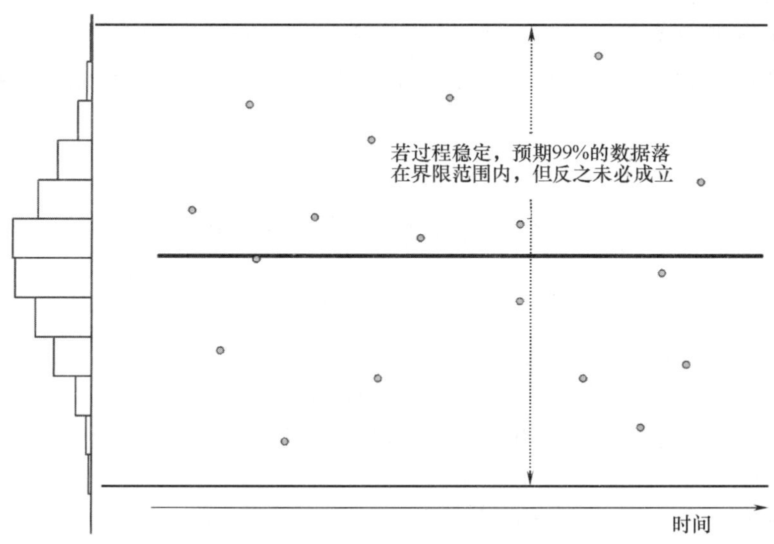

图 2－2　控制图的统计假设原理

势，导致系统效应或可查明原因的出现，即落在控制限的系列数据是否存在自相关趋势。

误报警的第Ⅰ类错误概率取自二项展开式的应用，若要快速探查控制过程中 μ 与 σ 的微细变化，可选用较多的“准则”。然而，本书建议不要选全部，若重点探查大的过程变化，可不必过细关注过程的微细变化，选用其中的几条“准则”足以。

针对失控准则的监控，本书有以下原则：

——每项规则的失控准则使用应审慎处理，以免会增加虚假报警的风险；

——应以产品特性、过程特点和客户关注焦点为依据，来选择相应的判异准则；

——尽量避免合并和选用太多的判断准则，否则会带来负面影响，导致假阳性率过高；

——二项展开式的概率值计算是一个理论值，也可参考实际应用的界限或积累的经验，共同辨别数据质量。

本书规定，当出现超出以下概率的现象之一时，表明测量系统可能发生改变，见 GB/T 27407—2010《实验室质量控制　利用统计质量保证和控制图技术　评价分析测量系统的性能》。

①连续 3 点中有 2 点落在中心线同一侧的 2 $s_{R'}$ 以外；

$$P_r(''2/3'') = 2[(0.02275)^2(0.97725)^1 + (0.02275)^2(0.97725)^0] = 0.002047$$

②连续 5 点中落在中心线同一侧的 $s_{R'}$ 以外；

$$P_r(5|5,0.158655) = 2[(0.158655)^5(0.841345)^0] = 0.000201$$

③连续 9 点或更多点落在中心线同一侧；

$$P_r(9|9,0.5) = 2[0.5^9\ 0.5^0] = 0.003906$$

④连续 7 点递增或递减；

$$P_r = 2/7! = 0.000396$$

⑤EWMA 超出其控制限。

上述失控准则涉及 WECO 的 Shewhart（修哈特）的平均链长（ARL）概念，自开始到判定有特殊原因所用的样本数据监控的平均次数，即可获知系列数据点超出控制限的平均时间，进而给出失控报警时间的信号。

2.4 系统误差和偏倚

针对系统误差和偏倚的定义，给出的解释如下：

“其来源可以是已知或未知的。对于已知的系统测量误差可采用修正补偿”；

“对估计的系统误差的补偿”“由于系统误差不能完全知道，因此这种补偿并不完全”；

“系统测量误差就是偏倚的估计值”。

无论是对系统误差还是偏倚的理解，都与准确度和正确度的概念相关联。即，“准确度是正确度和精密度的组合”；对正确度的解释为“正确度的度量通常用偏倚表示”。

毫无疑问，对于显著性的系统误差（偏倚）不能掉以轻心，但若从统计上的意义来分析，如何看待较小的偏倚呢？这种估计量的应用还存在其应用的显著性吗？随着当今的科技发展，越来越多的精密仪器设备和苛刻稳健的统计方法应运而生，是否应谨慎地对待和考虑这种效应？

首先观察图 2-3。该图表明，随着统计上的不确定度越来越小，其对应的检出力却越来越大。当接近某一临界时，可识别的偏倚已经不存在实际的显著性意义了。

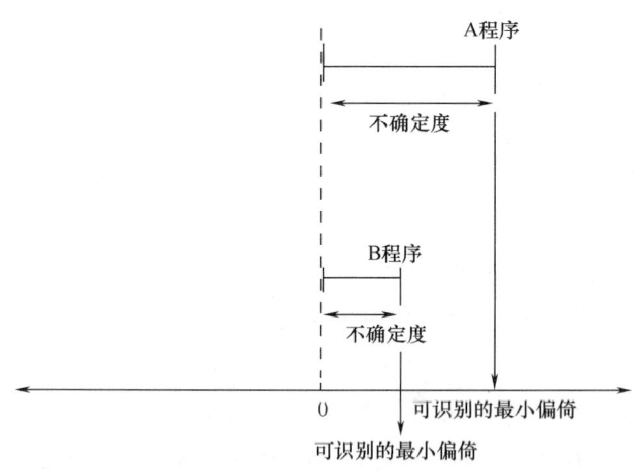

图 2-3　统计上的不确定度与检出功效

其次观察图 2-4，该图描述了不同情况下对四种不确定度的研究，其中的 E 意味着门槛，即为检测方法中不同操作之间出现的最小偏倚；也可以理解为，处于该区间内表明所实施的操作视为同一性能。换言之，偏倚可忽略不计。

如果先不考虑 E 的设限，则会有这样的分析：A 和 B 可以发现统计上的偏倚；C 和 D 没有发现。针对不确定度的研究，在对偏倚的决策中可不予考虑。然而，B 的检出功效要大于 C 和

D。但是设限后的情况就不同了:B 和 C 的结果性能等同(尽管 B 的检出功效有些大),而 A 和 D 的性能不等(尤其是 D,由于其给出较大的不确定度而被拒绝)。

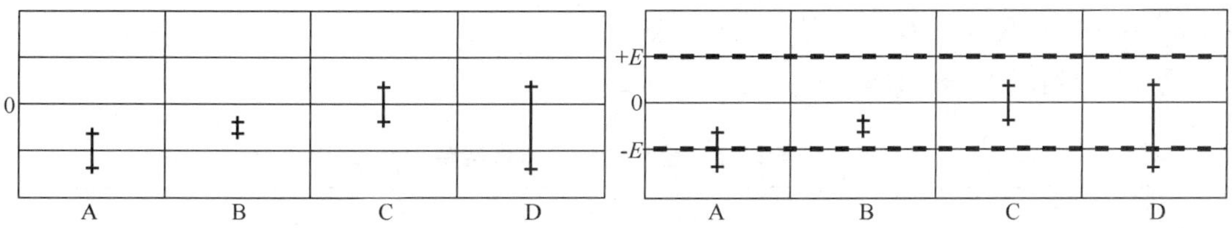

图 2－4　四种不确定度的不同研究

某些标准或程序文件提到了如果发现统计上的可识别偏倚,可进行偏倚修正以便改进方法性能(本书后面的章节和案例内容均描述了这种操作步骤)。问题是,从实际应用的角度上看,若偏倚量很小,则是否有必要实施这个偏倚修正? 所以,事先应该做一个调查,即,如果认为偏倚修正量较小,则就没有必要建立偏倚修正函数,或者说没有实际的应用价值。

综上所述,如何来界定显著性系统误差或偏倚,应酌情处理;而非简单地判据为"95% 概率下同一方法不同操作(或同一特性度量下的不同方法)间的偏倚量小于重复性限(r),即视为非具显著性"。建议在 95% 包含区间内,正确地选择偏倚修正参数,然后对残差进行 AD 统计检验,而且从实际经验中得到启示,5% 的错误报警率是否太高,故其水平可以减小至 1%。这些都在本书后面章节的内容中给予了较详细的叙述。

2.5　过程能力与过程性能

2.5.1　过程能力

过程能力($PC = 6\hat{s}$,其中 $\hat{s}$ 视为短期固有变异),可解释为过程处于统计受控下的一种固有特性,其前提条件为确保过程处于 SPC 的控制图监控状态,当图中出现可查明原因迹象时,过程应予以调查,并采取适当措施消除所识别的原因,直至重新达到 SPC 状态。

通常情况下,PC(以过程展宽的百分比来表示)限定了两种能力指数(C_p)的使用,即下能力指数(C_{pkl})和上能力指数(C_{pku}),用于检查过程输出的能力是否处于产品规范或容差的范围内。通过持续改进,加强过程和不同源产品的比较,达到过程改善和减小偶然因素变异的目的。

在日常大量测量过程中,假设质量特性值分布的 $\hat{s}$ 较为稳定,但分布中心随时间流逝而产生偏离,测量系统的非受控状态会严重地影响 PC 评定。所以,建议使用单值/移动极差(I/MR)组合图来对测量过程进行监控,以给出子样内短期变异 $\hat{s}$ 的估计,见式(2－1)。

$$\hat{s} = \frac{\bar{R}}{d_2} = \frac{\overline{MR}}{d_2} = \frac{\bar{s}}{c_4} \tag{2-1}$$

式中：$\bar{R}$ ——平均极差；

$\overline{MR}$ ——平均移动极差；

$\bar{s}$ ——平均标准差；

d_2 ——控制图中子样本量的系数（见表 2－1）；

c_4 ——控制图中子样本量的系数（见表 2－1）。

表 2－1　控制图的子样本稀释

n	2	3	4	5	6	7	8	9	10	11	12	13	14
d_2	1.128	1.693	2.059	2.326	2.534	2.704	2.847	2.970	3.078	3.173	3.258	3.336	3.407
c_4	0.7979	0.8862	0.9213	0.9400	0.9515	0.9594	0.9650	0.9693	0.9727	0.9754	0.9776	0.9794	0.9810
n	15	16	17	18	19	20	21	22	23	24	25	∞	
d_2	3.472	3.532	3.588	3.640	3.689	3.735	3.778	3.819	3.858	3.895	3.931	—	
c_4	0.9823	0.9835	0.9845	0.9854	0.9862	0.9869	0.9876	0.9882	0.9887	0.9892	0.9896	a	

注：n 为样本量；a 为 $(4n-4)/(4n-3)$

C_p 的计算见式（2－2）、其三种不同情况的作图见图 2－5。

$$C_p = \frac{\text{规范限}}{\text{PC}} = \frac{\text{USL} - \text{LSL}}{6\hat{s}} \tag{2-2}$$

式中：USL——上规格限；

LSL——下规格限。

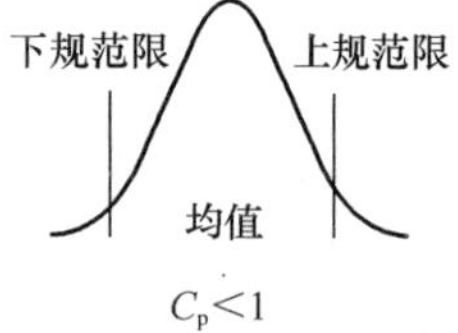

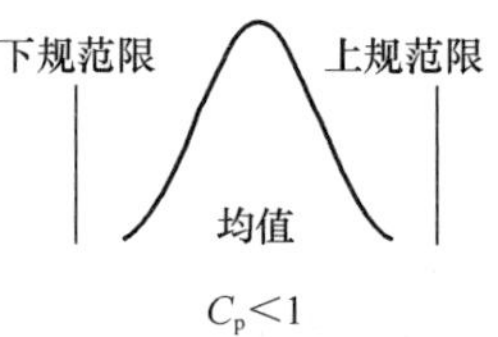

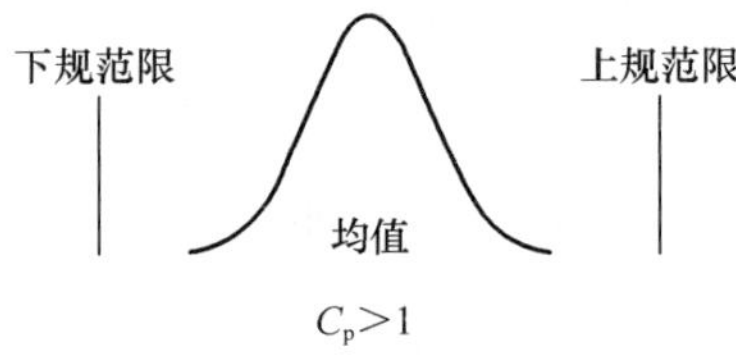

图 2－5　规范限下的过程能力

超出规范限的分布尾部区表示产品不合格部分，C_p 值越大越好。C_p 是针对 PC 而言，故过程不合格品率与 PC 相关联。比方说，针对较低 PC 时，即使剔除了不合格产品，最终能交付的合格产品也很低。产品不合格率与 C_p 之间的关系见表 2－2。

表 2－2　数据不合格率与 C_p 之间关系

C_p	0.6	0.7	0.8	0.9	1.0	1.1	1.2	1.3	1.33	1.67
不合格数据/%	7.19	3.57	1.64	0.69	0.27	0.0967	0.0320	0.0096	0.00636	0.00006
1×10^{-6}	71900	35700	16400	6900	2700	967	318	96	64	0.57

上述图表说明，C_p < 1 的过程无法满足客户要求；C_p > 1 的过程能力较强。现代质量集

中点在于过程改进,以不断提高产品目标的符合性为目的。这种集中点的实施是促使过程的 $C_p > 1$,有时认为起码 $C_p = 1.33$(相当于 8 $\hat{s}$ 规格展宽),最好是 $C_p = 1.66$。

如果考虑经济因素或涉及单规范限的过程偏离时,应使用最小过程能力指数(C_{pk})来取代 C_p,通过 C_{pk} 的偏离量调整(见图 2-6),来度量过程是否能满足客户的需求。

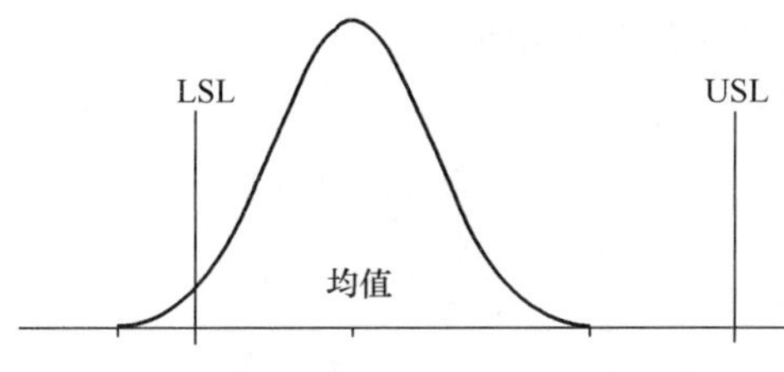

图 2-6 过程的偏离, $C_p > 1$ 和 $C_{pk} < 1$

大多数情况下,产品质量特性值的分布中心是偏离目标值的。假定测量系统处于正态分布, C_{pk} 给出了单侧有偏非对称情况下的计算,即有: C_{pk} 为(C_{pku}, C_{pkl})中最小值,其中 $C_{pku} = \frac{USL - \bar{X}}{3s}$ 与 $C_{pkl} = \frac{\bar{X} - LSL}{3s}$ 为单侧规范限的 C_p,通常应用于杂质或副产品等的测量。针对产品中某些有害杂质成分,要求产品质量特性≤USL(越小越好);而对产出率或合格率等,要求产品质量特性≥LSL(越大越好)。

C_p 与 C_{pk} 之间的关系如下:

(1) $C_{pk} \leqslant C_p$;

(2)过程集中于目标时, $C_{pk} = C_p$;

(3)过程中心偏离目标值时, $C_p > C_{pk}$;

(4)过程有能力,且处于规格限内时, $C_p(C_{pk}) > 1$;

(5)过程没有能力,且非处于规格限内时, $C_p(C_{pk}) < 1$;

(6)过程有能力,但偏离目标,且非处于规格限内, $C_p > 1$ 和 $C_{pk} < 1$;

当利用 C_{pk} 对 C_p 进行修偏时,除了用 I/MR 组合控制图来监控过程是否受控外,还要确保 C_p 应用如下的基本假设:

(1)处理为三倍标准差宽的正态分布或变换为正态分布;

(2)过程确保统计受控;

(3)大样本和较高置信水平;

(4)抽样误差和测量变异为主要贡献;

(5)不确定度估计。

2.5.2 过程性能

过程性能($PP = 6\hat{s}_{R'}$,其中 $\hat{s}_{R'}$ 视为长期固有变异)关注的是产品和测量变异长期的实际性能分布(而非能力的估计),其涵盖了批次内和批次间及系统短期和长期的变异。

当过程变量易出现可查明原因,导致过程水平漂移或产生瞬变的偏倚或尖峰时,需使用性能指数(P_p),该指数也分两种(下性能指数 P_{pkl} 和上性能指数 P_{pku})。因 P_p 涵盖了可查明原因的变异,故其展宽要大于 C_p。P_p 的计算如式(2-3):

$$P_p = \frac{\text{规范限}}{\text{PP}} = \frac{\text{USL} - \text{LSL}}{6\hat{s}_{R'}} \tag{2-3}$$

P_p 的处理等于 C_p,即 $P_p \geqslant 1$ 表示长期的过程可以满足客户的需求;$P_p < 1$ 表明过程无法满足规格限,拒绝统计受控或接近目标值的假设。

当过程偏离目标值,如果考虑经济调整或仅涉及单规范限时,P_{pk} 评估比较适宜。同样,假定系统处于正态分布,P_{pk} 给出了单侧有偏非对称的计算,即 P_{pk} 为 P_{pku},P_{pkl} 中的最小值,其中,$P_{pku} = \frac{\text{USL} - \bar{X}}{3s_{R'}}$ 与 $P_{pkl} = \frac{\bar{X} - \text{LSL}}{3s_{R'}}$ 为单侧规范限的 P_{pk} 估计,其解释等同 C_{pk}。P_p 和 P_{pk} 之间的关系等同于 C_p 和 C_{pk}。但是,P_{pk} 表示过程反映了客户的长期需求。

2.5.3 检测性能指标

本书给出了检测性能指标($\text{TPI} = \frac{s_R}{s_{R'}}$),TPI 源于工序过程控制的 C_p,两者间的关系及行动规则见表 2-3。

表 2-3 由 TPI 确定的 QC 最低控制次数

以测量过程性能为准		以生产工序 6σ 为准	性能评价和建议	每 n 个检测样品
TPI(PR<4)	TPI(PR≥4)	$C_p(C_{pk})$	行动规则	使用 1 个 QC 样品
-	-	>1.67	仪器设备精度可以降低、放宽管理;	10
1.2~2.0	2.4~4.0	1.33~1.67	方法性能较满意,可降低抽验频次;	10
0.8~1.2	1.6~2.4	1.0~1.33	着手调查,以提高和改进实验室的性能;	20
<0.8	<1.6	0.67~1.0	性能不好,必须改进且增加抽验频次;	35
-	-	0.67<	停止检验,追究原因,采取措施	40

注:精密度比值 $\text{PR} = \frac{s_R}{s_r}$

不同于短期 $\hat{s}$ 估计的测量能力,测量性能是针对 $\hat{s}_{R'}$ 而言,即来自于 I/MR 质控图长期能力评估的平均,也包括方法确认数据的变异。测量系统必须呈现出长期的稳定性,理想状态下的系统为 $s_{R'} \leqslant 0.25s_R$,等同于 TPI≥1.5,此时可以减少 QC 样品的测量次数。在实验室的 IQC 活动中,当测量系统处于统计受控下,可考虑采用 TPI 给出相应的 $\hat{s}_{R'}$,有助于不确定度的评定。

2.6 离群值检验

离群观测值的通常做法是利用 Cochran、Grubbs 和 Dixon 检验来做两端极值的剔除,本书认为这些检验方法不如 GESD 程序适宜,特别是当两端极值比较接近,与其他数据未显现出有较大的差异或存在多个离群值时,更显示了 GESD 检验的优越性,因为这种检验一次就可以识别出数据集的多个离群结果。

在进一步考察两种方法(比方说,手工滴定和机器自动检测)的比较前,需识别其数据集里是否存在离群结果。详见表 2-4。

表 2-4　离群值检验的 GESD 程序

N	机器自动检测值								手工滴定检测							
	DTS_0	T_0	DTS_1	T_1	DTS_2	T_2	DTS_3	T_3	DTS_0	T_0	DTS_1	T_1	DTS_2	T_2	DTS_3	T_3
1	5.98	2.05							5.9130	2.44						
2	6.05	0.34	6.05	0.54	6.05	0.75	6.05	1.16	5.977	0.67	5.977	1.02	5.977	0.98	5.977	1.20
3	6.03	0.83	6.03	1.10	6.03	1.38	6.03	1.95	6.038	1.02	6.038	1.08	6.038	1.29	6.038	1.27
4	6.00	1.57	6.00	1.93					5.963	1.05	5.963	1.50	5.963	1.50	5.963	1.77
5	6.05	0.34	6.05	0.54	6.05	0.75	6.05	1.16	5.958	1.19	5.958	1.67	5.958	1.69		
6	6.00	1.57	6.00	1.93	6.00	2.33			5.971	0.83	5.971	1.22	5.971	1.20	5.971	1.44
7	6.07	0.14	6.07	0.02	6.07	0.13	6.07	0.37	5.975	0.72	5.975	1.09	5.975	1.05	5.975	1.28
8	6.08	0.39	6.08	0.30	6.08	0.19	6.08	0.03	6.0313	0.84	6.0313	0.85	6.0313	1.04	6.0313	1.00
9	6.06	0.10	6.06	0.26	6.06	0.44	6.06	0.76	6.0147	0.38	6.0147	0.28	6.0147	0.42	6.0147	0.33
10	6.09	0.63	6.09	0.58	6.09	0.50	6.09	0.42	6.0556	1.51	6.0556	1.69				
11	6.10	0.88	6.10	0.85	6.10	0.82	6.10	0.82	6.0200	0.52	6.0200	0.46	6.0200	0.62	6.0200	0.54
12	6.09	0.63	6.09	0.58	6.09	0.50	6.09	0.42	6.0171	0.44	6.0171	0.36	6.0171	0.51	6.0171	0.43
13	6.08	0.39	6.08	0.30	6.08	0.19	6.08	0.03	6.0087	0.21	6.0087	0.07	6.0087	0.20	6.0087	0.09
14	6.10	0.88	6.10	0.85	6.10	0.82	6.10	0.82	6.0056	0.13	6.0056	0.03	6.0056	0.08	6.0056	0.04
15	6.08	0.39	6.08	0.30	6.08	0.19	6.08	0.03	6.0177	0.46	6.0177	0.38	6.0177	0.54	6.0177	0.45
16	6.12	1.37	6.12	1.41	6.12	1.45	6.12	1.61	6.0286	0.76	6.0286	0.76	6.0286	0.94	6.0286	0.89
17	6.11	1.12	6.11	1.13	6.11	1.13	6.11	1.22	6.0241	0.64	6.0241	0.60	6.0241	0.77	6.0241	0.71
$\bar{x}$	6.064		6.069		6.074		6.079		6.001		6.007		6.003		6.007	
s	0.041		0.036		0.032		0.025		0.036		0.029		0.027		0.025	
T 最大		2.05		1.93		2.33		1.95		2.44		1.69		1.69		1.77
λ 临界		2.89		2.85		2.81		2.76		2.89		2.85		2.81		2.76
m	$m=0$		$m=1$		$m=2$		$m=3$		$m=0$		$m=1$		$m=2$		$m=3$	

表中的 GESD 程序和 T 统计量如下所述;

表中的 $N=17>12$,则有离群数 <10,例如,总体数 20% 的离群数为 3。

$T=\frac{|x-\bar{x}|}{s}$,其中,x 为数据集的观测值,$\bar{x}$ 为所用观测的平均值,s 为所用观测的标准差。

DTS_0为最初起始数据集，T_0为其对应的 T 计算值，除掉其中最大的，重新组织和计算 DTS_1，以此类推。从 $m=3$ 栏往回检查，若发现某栏的 T 最大，超出临界时（见表 2-5），则该栏以前（包括该栏）对应的数据均属于离群。

表 2-5　不同样本数据集的 λ 临界值（错误识别概率 $\alpha=0.01$）

r	N	$m=0$ $\lambda_{临界}$	$m=1$ $\lambda_{临界}$	$m=2$ $\lambda_{临界}$	$m=3$ $\lambda_{临界}$	$m=4$ $\lambda_{临界}$	$m=5$ $\lambda_{临界}$	$m=6$ $\lambda_{临界}$
2	6	1.97	1.76	1.50				
2	7	2.14	1.97	1.76				
2	8	2.27	2.14	1.97				
2	9	2.39	2.27	2.14				
2	10	2.48	2.39	2.27				
2	11	2.56	2.48	2.39				
2	12	2.64	2.56	2.48				
3	13	2.70	2.64	2.56	2.48			
3	14	2.76	2.70	2.64	2.56			
3	15	2.81	2.76	2.70	2.64			
3	16	2.85	2.81	2.76	2.70			
3	17	2.89	2.85	2.81	2.76			
4	18	2.93	2.89	2.85	2.81	2.76		
4	19	2.97	2.93	2.89	2.85	2.81		
4	20	3.00	2.97	2.93	2.89	2.85		
4	21	3.03	3.00	2.97	2.93	2.89		
4	22	3.06	3.03	3.00	2.97	2.93		
5	23	3.09	3.06	3.03	3.00	2.97	2.93	
5	24	3.11	3.09	3.06	3.03	3.00	2.97	
5	25	3.14	3.11	3.09	3.06	3.03	3.00	
5	26	3.16	3.14	3.11	3.09	3.06	3.03	
6	27	3.18	3.16	3.14	3.11	3.09	3.06	
6	28	3.20	3.18	3.16	3.14	3.11	3.09	3.06
6	29	3.22	3.20	3.18	3.16	3.14	3.11	3.09
6	30	3.24	3.22	3.20	3.18	3.16	3.14	3.11
6	31	3.25	3.24	3.22	3.20	3.18	3.16	3.14
6	32	3.27	3.25	3.24	3.22	3.20	3.18	3.16

注：r 为拟识别离群的最大数目。

2.7 小样本测量

所谓小样本测量是指所用的 QC 样品仅给出少量数据，很难确定批次样品的平均值，且后续样品也无法跟踪同一基体和水平。此时需要考虑两种概率分布情况，即观察值分布的变异和特性值的贝叶斯先验估计。

本书考虑是不同批次质量指标的总体，使之处于近似同一分布（服从某一先验分布），这可以从先验信息中提取数据。也就是说，遵循客观历史数据和主观经验并重的原则，来对过程质量参数进行预测和优度估计。

表 2－6 是一个模拟案例，分别有近似基体 $n=6$ 的三个批次样本量，计算公式如式(2－4)。

$$C_n = \frac{\sum I_i}{n} \quad UCL_n(LCL_n) = C_n \pm 3\sigma\sqrt{\frac{(n-1)}{n}} \tag{2-4}$$

式中： I_i ——预处理结果；

C_n ——中心线；

n——测量次数；

σ——历史变异估计；

UCL_n 和 LCL_n——分别为上下行动限。

表 2－6 中每绘制第 n 个数据点时，都要计算该结果的中心线及其上下行动限。因属于过程方差未知的稳态条件下，需结合历史和主观判断来服从先验分布。前期监控有 $s_{R'}=0.266$，当前的统计推断假设取 $\sigma = \frac{0.266}{\sqrt{2}} = 0.188 \approx 0.2$ 。

表 2－6 类似基体不同批次小样本量的统计汇总

批次	时序	I_i	MR_{I_i}	C_n	UCL_n	LCL_n	UCL_{EWMA}	LCL_{EWMA}
1	1	3.88		3.88				
	2	3.66	0.22	3.77	3.91	3.63	3.80	3.74
	3	3.84	0.18	3.79	3.96	3.63	3.82	3.77
	4	3.61	0.20	3.75	3.92	3.57	3.78	3.71
	5	3.77	0.16	3.75	3.93	3.57	3.80	3.70
	6	3.98	0.21	3.79	3.97	3.61	3.85	3.73
2	1	4.21		4.21				
	2	3.94	0.27	4.08	4.22	3.93	4.10	4.05
	3	4.07	0.13	4.07	4.24	3.91	4.10	4.05
	4	3.85	0.20	4.02	4.19	3.84	4.05	3.98
	5	3.99	0.14	4.01	4.19	3.83	4.06	3.96
	6	4.08	0.09	4.02	4.21	3.84	4.08	3.96

续表

批次	时序	I_i	MR_{I_i}	C_n	UCL_n	LCL_n	UCL_{EWMA}	LCL_{EWMA}
3	1	4.17		4.17				
	2	4.19	0.02	4.18	4.32	4.04	4.21	4.15
	3	3.97	0.22	4.11	4.27	3.95	4.13	4.09
	4	4.04	0.10	4.09	4.27	3.92	4.13	4.06
	5	3.93	0.11	4.06	4.24	3.88	4.11	4.01
	6	3.86	0.07	4.03	4.21	3.84	4.09	3.97

图2－7属于Q图,统计量与过程均值发生偏倚前后的样本数有关。当原过程均值发生偏倚时,变换后过程非属简单的均值。不同于后面章节内容的MR图,Q图注重监控质量特性偏离目标值的程度(而非查找“特殊原因”)。

从图2－7可以分析得知,Q图是一种属于当前样本变异的统计推断,但在初检过程检出能力较低时,需考虑质量特性正态假设。

在过程开始初期,Q图检测偏倚能力差(发生偏倚前样本数少,相应Q统计量的偏倚趋于0)。随着样本量n增加,Q图的偏移增大,Q图的检测力也越大。随着后续稳态样本的增加,偏倚幅度越来越小,Q图的检出力也随之减小。

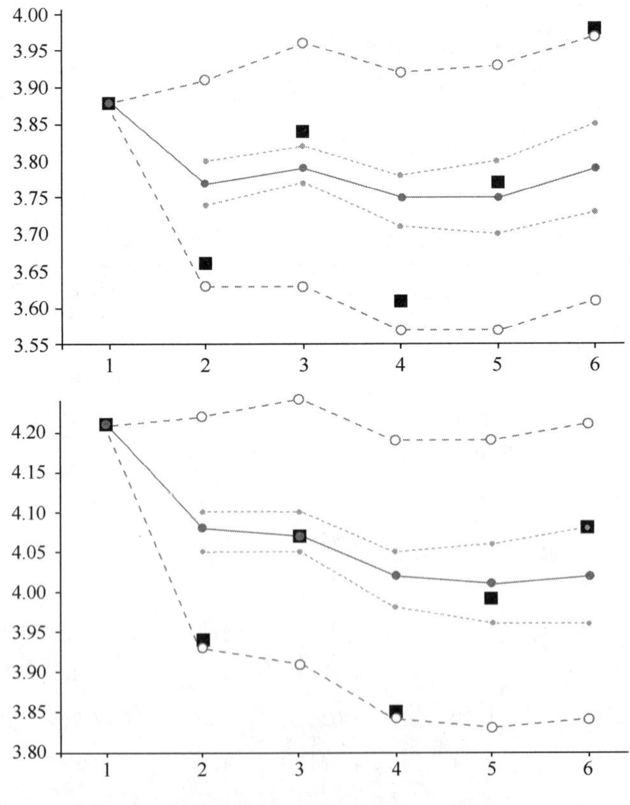

图2－7 三个批次小样本量的Q图监控

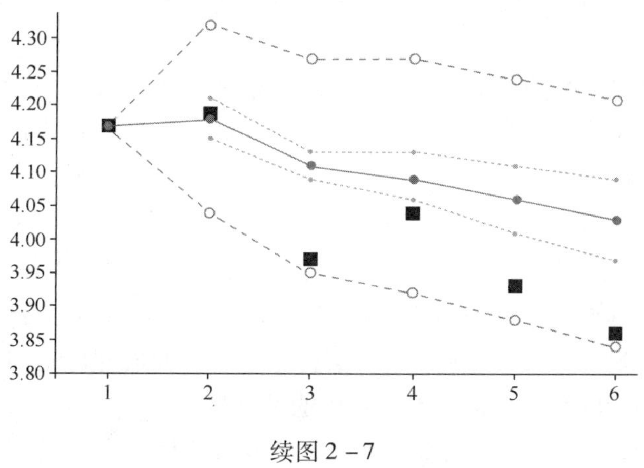

续图 2－7

控制限需不断修正和调整，最终，Q 统计量的性能与参数已知时，性能趋近一致（过程 σ 未知的稳态条件下，集中对均值发生偏倚时的性能进行监控）。

基于贝叶斯预测理论模型的先验预测假设，或者说利用以往合理历史数据的先验分布、以及当前样本少量信息变异统计或主观判断，来提供产品质量指标和后验推断估计，通常来说，后者的信息要大于前者，涉及不确定度评定时，需同时考虑先验分布和频率分布的变异合成。

当两个批次样品同步测量进行转换时，式（2－4）的做法是往回看，导致理解概念上的迷惑。为避免批量数据的不足而降低对样本量要求，可选用另一种方法来对小批量样本进行过程控制。这种方法就是正态变量 z 的标准化变换（可采用 EWMA 叠加），这样就会有一个固定的控制限，见式（2－5）。

$$Q_r(X_r) = \sqrt{\left(\frac{r-1}{r}\right)}\frac{(X_r - \bar{X}_{r-1})}{\sigma_0}, \ r = 2,3,\cdots \tag{2-5}$$

式中：Q_r ——使用当下第 r 个测量结果（X_r）的 Q 统计量，其中，r 为按时间顺序排列的结果数；

$\bar{X}_{r-1}$ ——使用所有结果（$r-1$）的平均值；

σ_0 ——检测方法的 $s_{R'}$ 历史估计。

I 图的控制限计算有：CL＝0　UCL＝3　LCL＝－3　UCL_{Ewma}＝1.5　LCL_{Ewma}＝－1.5

MR 图的控制限计算有：CL＝1.128　UCL＝3.86

2.8　决策错误与风险预测控制

2.8.1　基于 α、Δ 和 $1-\beta$ 的选择

由于检测方法中所固有的不确定性，使得实验室使用核查样品（CS 样品）测量时难以获得准确的 ARV。合理接近 ARV 的结果表明实验室操作检测方法无偏，或偏倚可忽略。但是，

结果与 ARV 之差超出规定量，实验室就应采取纠正措施。准确可靠的实验室偏倚检出方法是实验室持续改进的基础。

第Ⅰ类错误概率（通常情况下有 $\alpha=0.05$）是指错误断定非零差异，或者说检测方法无偏操作的原假设被拒绝，从而造成决策失误的长期理论概率，这是一种生产者（实验室）的风险，其结果使得企业或实验室为改进测量过程而浪费额外不必要的资源。

与其他传统的统计方法不同，本书兼顾使用者（客户）的利益，同时对 β 水平（第Ⅱ类错误概率）进行控制。所谓使用者的风险是指错误接受的概率，希望偏倚的检出功效（$1-\beta$）大些，即指备择假设为真而正确拒绝原假设的概率。GB/T 27412—2012《基于核查样品单次测量结果的实验室偏倚检出》解释为：在给定原假设下得到包含区间的基础上，对使用者指定的 Δ（实际考虑的最低偏倚量），正确检出至少 Δ 偏倚量的长期概率。

本书希望这种概率能控制在较低水平来确保差异处于风险实际控制限内。鉴于仅依据一个测量结果，所以不可能同时降低两类错误的概率，因此需要基于商业或操作上的考量等权衡可容许的最大偏倚及两类风险。明智的做法是与使用者进行协商，在承认风险的前提下，根据要求尽可能将其控制在所需的限度内。

关于两类风险的接受区间描述，目前的国际文件仅为指南性的描述："由于不确定度，则存在不正确的决策风险"，"容忍限和接受限的选择需要从偏离产品质量后果的商业或政策上来考虑"等。本书拟基于不确定度的最小偏移量（Δ）设计、给定检验水平（α）和检出功效（$1-\beta$）的确定、以及包含因子（k）的选择，来作出双方接受或拒收产品的决定，进而给出容忍的接受区间。具体考虑如下：

① 以后验的测量数据来更新先验信息的贝叶斯概率；

②强化系统模型或历史数据的最大似然函数高斯分布描述；

③在承认风险前提下兼顾客户利益，当概率小于 95% 时，对第Ⅱ类错误概率进行控制；

④ 为解决双方可能存在的质量争议提供了统一方法；

⑤给出接受区间的技术指标。

本书通过一个汽油研究法辛烷值（RON）的核查样品（CS 样品），拟考察 GB/T 5487—2015《汽油辛烷值的测定研究法》的操作是否有偏。已知，参加 CS 样品赋值（ARV＝92.2，标准差＝0.29）的实验室有 30 个，故 ARV 的标准差 $=0.29/\sqrt{30}=0.053$。

在期间精密度条件下，实验室对 91.1（RON）的 QC 样品系列结果进行分析，并通过 AD 正态统计检验，原假设成立，则赋予 $s_{R'}=0.250$。因有 $0.053/0.250=0.2<0.5$，表明所用 CS 样品与 QC 样品的变异具有一致性，则有：$u_c=\sqrt{0.250^2+0.053^2}\approx 0.256$。

本书认为，检测方法呈统计受控，但允许有偏。基于包含区间来正确估计偏倚的 $1-\beta$ 不同量，以获知偏倚检出的真实能力界限，有助于特定业务需求下 α 和 $1-\beta$ 之间的权衡。

因 $\Delta s=\Delta/u_c$，根据商业风险或实际操作（非统计上）考虑，基于预先规定所需的 α，将具有实际意义的最小偏倚量设定在 $\Delta=2u_c\approx 0.512$，故 $\Delta s=2$。并从表 2－7 中查得到以 $\alpha=0.05$ 为起点的 $1-\beta=0.52$。

$1-\beta$ 是随 α 增加或 Δ 加大而提高，对于 β 假设，风险评估者更予以重视。因为在确定规格时，必须了解每个质量特性值超差时所造成的后果的严重程度。此时不仅要控制 α 水平，还要顾及 β 水平，尤其是 α 不及 β 变化大时。

但本书认为这个检出功效 $1-\beta$ 太低而不可接受，欲求得特定业务下 α 和 $1-\beta$ 之间的权衡，故决定对 α 、Δ 和 $1-\beta$ 各项进行调整。最终确定，$\alpha=0.20$ 下的 $1-\beta=0.76$ 较合适，于是从表 2-7 中查得到相应的 $k=1.28$。

因包含因子 $k=1.28$，包含区间则为：$0\pm1.28\times0.256\approx\pm0.33$ 。假定 CS 样品的单次结果给出 RON =92.5，则偏倚计算为：92.5 −92.2 =0.3 <0.33，落在包含区间内，表明实验室操作 GB/T 5487—2015 无偏原假设成立。

表 2-7　不同 Δs 下的 α 与 $1-\beta$

Δs		0.5	0.75	1	1.25	1.5	1.75	2	2.25	2.5	2.75	3	3.25	3.5	4
α	k	$1-\beta$													
0.01	2.58	0.019	0.034	0.057	0.092	0.140	0.203	0.281	0.371	0.468	0.567	0.663	0.749	0.821	0.922
0.025	2.24	0.041	0.068	0.107	0.161	0.230	0.312	0.405	0.504	0.603	0.695	0.776	0.844	0.896	0.961
0.05	1.96	0.072	0.113	0.169	0.239	0.323	0.417	0.516	0.614	0.705	0.785	0.851	0.901	0.938	0.979
0.10	1.64	0.127	0.187	0.261	0.348	0.444	0.544	0.641	0.729	0.805	0.867	0.913	0.946	0.969	0.991
0.15	1.44	0.174	0.245	0.330	0.425	0.524	0.622	0.712	0.791	0.855	0.905	0.941	0.965	0.980	0.995
0.20	1.28	0.218	0.298	0.390	0.488	0.587	0.681	0.764	0.834	0.889	0.929	0.957	0.976	0.987	0.997
0.25	1.15	0.258	0.345	0.440	0.540	0.637	0.726	0.802	0.864	0.911	0.945	0.968	0.982	0.991	0.998
0.30	1.04	0.295	0.386	0.484	0.583	0.677	0.761	0.831	0.887	0.928	0.956	0.975	0.986	0.993	0.998
0.35	0.93	0.334	0.429	0.528	0.626	0.716	0.794	0.858	0.907	0.942	0.966	0.981	0.990	0.995	0.999
0.40	0.84	0.367	0.464	0.564	0.659	0.745	0.819	0.877	0.921	0.952	0.972	0.985	0.992	0.996	0.999
0.45	0.76	0.397	0.496	0.595	0.688	0.770	0.839	0.893	0.932	0.959	0.977	0.987	0.994	0.997	0.999
0.50	0.67	0.433	0.532	0.629	0.719	0.797	0.860	0.908	0.943	0.966	0.981	0.990	0.995	0.998	1.000

2.8.2　接受限的 β 水平控制

以上述为例，其合同规定有 RON 值 >93.0，已知 GB/T 5487 中的精密度规定有：$r=0.2$，$R=0.7$。

针对某客户委托检验，实验室给出 93.4 的合格结果；但客户另委托有 92.8 的不合格结果；然而，实验室的留样复验再次给出 93.2 的合格结果。

上述 3 个结果之差（D）均符合 GB/T 5487 的精密度规定，详见图 2-8。

随后经双方协议，结果赋值（ATV）给出 $\text{ATV}=\dfrac{92.8+\left(\dfrac{93.4+93.2}{2}\right)}{2}=93.05$ ，并认为若该 ATV 处于双方确定的接受限（AL），即为解决交易可能存在的质量争论提供了一种折中的

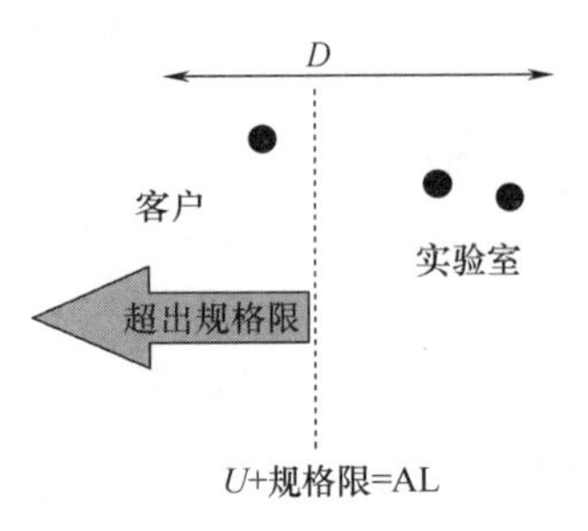

图 2－8　处于 R 范围内的 AL 考虑

办法。

表 2－8 给出了两类错误率（供货方和收货方风险）的决策考虑。鉴于犯第Ⅱ类错误的后果，故实验室决定减少 β，增大 α。鉴于该检验批属于非关键规格区，则建议由表 2－7 中选 $k=1.64$。于是，AL 限的规定有：$\mathrm{AL}=S+\frac{1.64u}{\sqrt{2}}=S+1.16u$。其中，$S$ 为规格限或符合限。在上述案例中，已知 $u=0.256$，则 $\mathrm{AL}=93.0+1.16\times0.256=93.29>\mathrm{ATV}=93.05$，产品予以接受。

表 2－8　决策误差（第Ⅰ类错误对比第Ⅱ类错误）

两类决策误差		生产者决策	
		真值临近规格限，产品合格	真值未近规格限，产品不合格
实际情况	真值符合规格限	接受	第Ⅰ类错误：弃真
	真值不符合规格限	第Ⅱ类错误：纳伪	接受

若仅为 1 个实验室，则 AL 限的规定有 $\mathrm{AL}=S\pm1.64u$，但当与上述 AL 不符时，需做进一步的研究。

2.8.3　实际差异控制与功效曲线

任何统计假设检验都需要斟酌决策误差，即根据程序的结果，给出零假设的接受或拒绝的结论。鉴于数据的变异所致，最终的决策必须考虑不确定度，同时也涉及上述表 2－8 的两类误差。

表 2－9 为上述案例中 RON 值测定的两种程序比对，在期间精密度测量条件下，其 β 水平的风险控制来自于样本量的选择。

表 2－9　RON 值测定的两种程序比对

时序	1	2	3	4	5	6	7	8	9	10	11	12	13	14	15	平均值	标准差
划界	93.5	93.2	93.1	93.4	93.6	93.3	93.5	93.2	93.1	93.4	93.2	93.3	93.5	93.2	93.1	93.31	0.167
压缩比	92.9	93.3	92.8	93.5	93.6	93.4	93.3	93.1	93.2	92.9	93.2	93.4	93.2	93.5	92.9	93.21	0.250

若从贝叶斯的抽验方案考虑，效益好的方案均关注观测费用、决策失误的判断及被抽子总体参数的先验分布假设。通常采用常规 t 检验，极易遇到此景，若变异较小而导致包含区间无法涵盖零被拒绝；反之却掩盖了实际差异。是否应关注其真实显著的实际含义而非统计显著性，否则仍有可能归因于随机因素使得 p 解释不清。

鉴于传统 t 检验是 α 的弃真检验，并未保护客户权宜，而 β 风险将由样品量来间接进行控制，则针对表 2－9 的案例，采用 β 水平控制的 t 检验。

实验室在实施 QC 和不确定度评定过程中，考虑到风险、成本和资源的统一，认为压缩比程序测量太麻烦，故在考察样本量基础上，采用 β 风险控制的 t 检验，来验证压缩比程序的测量有效性。并利用标准正态的累积分布函数，求得检出功效曲线绘图（见图 2－9），用以检查图中横坐标的 Δ 是否落在 95% 的包含区间内。

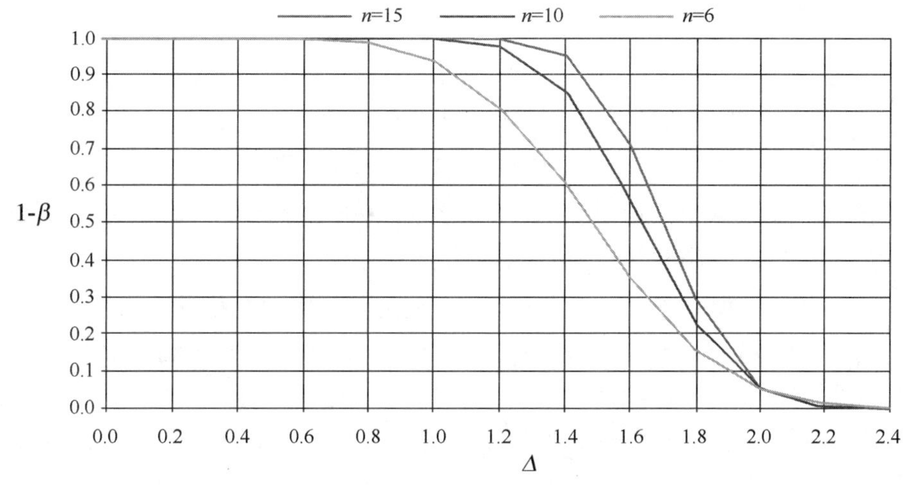

图 2－9　检出功效曲线的样本量考虑

已知表中的方法间的偏离有 0.093，Δ 的 $100(1-2\alpha)\%$，即 90% 区间的 $t=1.76$；采用上行动限的保守做法，将两个系统的性能设定为 0.5；求得 −0.79（LCL）～0.97（UCL），其涵盖在 −2～+2 之间。

从图 2－9 中分析可知，$n=15$ 给出满意的功效曲线，表明未能涵盖在区间的风险低于 10%。若实验室认为 $n=6$ 的检出功效低，$n=15$ 的功效高但成本大，则可适当调整样本量，做出相应决策。然而，单尾更易拒绝 H_1，即犯第Ⅱ类错误的 β 概率小。若无法确定时用双侧，但会增大 β 概率。

本案例在用压缩比程序代替划界法的假设检验中，为增大 $1-\beta$ 而提高 α 值，部分原因是避免因采用压缩比程序而导致结果的不正确。

第3章　控制图技术的研讨

3.1　简介

实验室 IQC 的控制图技术属于“top - down”统计受控下的 A 类评定，其可信性和有效性得到了中国合格评定国家认可委员会（CNAS）的如下认可。

（1）CNAS - CL10—2013《检测和校准实验室能力认可准则在化学检测领域的应用说明》

实验室应建立和实施充分的内部质量控制计划，以确保并证明检测过程受控以及检测结果的准确性和可靠性。质量控制计划应覆盖申请认可或已获认可的所有检测技术和方法。

适用时，实验室应使用控制图监控实验室能力。实验室也应观察和分析控制图显示的异常趋势，必要时采取处理措施。

（2）CNAS - CL52—2015《检测和校准实验室能力认可准则应用要求》

实验室的质量监控计划应覆盖到认可范围内的所有检测或校准（包括内部校准）项目，并能有效监控检测或校准结果的准确性和稳定性。在开展新的检测或校准项目或使用新方法时，实验室应规定相应的质量控制方案。实验室质量监控计划包含内部质量监控和外部质量监控两个部分。

（3）CNAS - GL05—2011《测量不确定度要求的实施指南》

不确定度 A 类评估是采用检测系统和具有代表性样品预先评估的。如果测量系统稳定，又在 B 类评估中考虑了仪器的漂移和环境条件的影响，则完全可以采用预先评估的结果。

（4）CNAS - GL06—2006《化学分析中不确定度的评估指南》

一段时间内对典型样品的几次分析的结果的标准偏差，应尽可能由不同的分析人员操作和使用不同的设备操作（质量控制核查样品的测量结果能提供这方面的信息）。注：重复分析应在有实质不同的时间内进行，以获得中间精密度。同一批内进行的重复分析只能提供重复性的估计值。

（5）CNAS - GL34—2013《基质质控数据环境检测测量不确定度评定指南》

目前，GUM 正在广泛应用于各类检测实验室。在实际应用过程中，实验室更为关注的是操作性强、实用而便捷的不确定度评定方法。本指南为实施 CNAS - CL01 的环境检测实验室提供了不确定度评定的四种方法（精密度法、控制图法、线性拟合法和经验模型法），其他化学类检测实验室也可参照实施。本指南的应用前提是实验室确保测量系统处于统计受控状态。

正如 CNAS - GL06 所述，实验室若能利用适当的核查标准和控制图，使得测量系统达到统计受控，则其所提供期间（中间）精密度测量统计下的质量控制数据即可用于不确定度的评定。鉴于在环境领域的化学分析中,更多关注的是利用特定方法来获得结果的精密度,而这种技术思路直接导致了 GB/T 27411 出台,以便满足相应的法定要求或贸易需求。

本指南是在满足特定条件下,对 GUM 的简化和延伸应用,为环境检测实验室不确定度评定提供适用范围广、可操作性强的技术文件。

(6)CNAS - GL39—2016《化学分析实验室内部质量控制指南—控制图的应用》

本文件旨在指导化学分析实验室如何根据 CNAS - CL01 和 CNAS - CL10 的相关要求,在内部质量控制中运用控制图技术。

控制图的整个程序包括两个主要阶段:预备阶段和监控阶段(见图 3 - 1)。

第一阶段为预备阶段(又可称为过程评定和改进),始于测量结果的最初积累,以评估现行状态,计算相应的控制限用于后续评定。理想情况下,该阶段需给出多于 20 个数据点。在过程评定中,较难发现特殊原因,但会搜集到可能的误差源,有助于过程改进阶段的实施。过程数据即时汇总并建立 I/MR 组合控制图,基于计算的控制限,识别和处理特殊原因,以进一步确认测量系统是否处于受控状态。通常的原则是,基于短期变量(重复性精密度)来估计样品测量结果的变化范围;但长时间预期会出现 $s_{R'}$ 的额外贡献量变异,则需要计算不确定度标准差估计值,绘制不确定度控制图,用于后续样本结果的监控。

第二阶段为监控阶段(又称为过程监控),持续确定统计受控状态,查找进入系统的特殊原因或再次出现的前期特殊原因。对于后者情况的发生,应建立针对性的失控措施计划,并定期更新控制限。也可基于所建立的不确定度控制图,判定不确定度的估计是否超出估计值。定期重新评定不确定度的估计值。适当时,建议也可保留移动极差控制图,确定长期变异是否降低到短期变异(重复性)的水平。

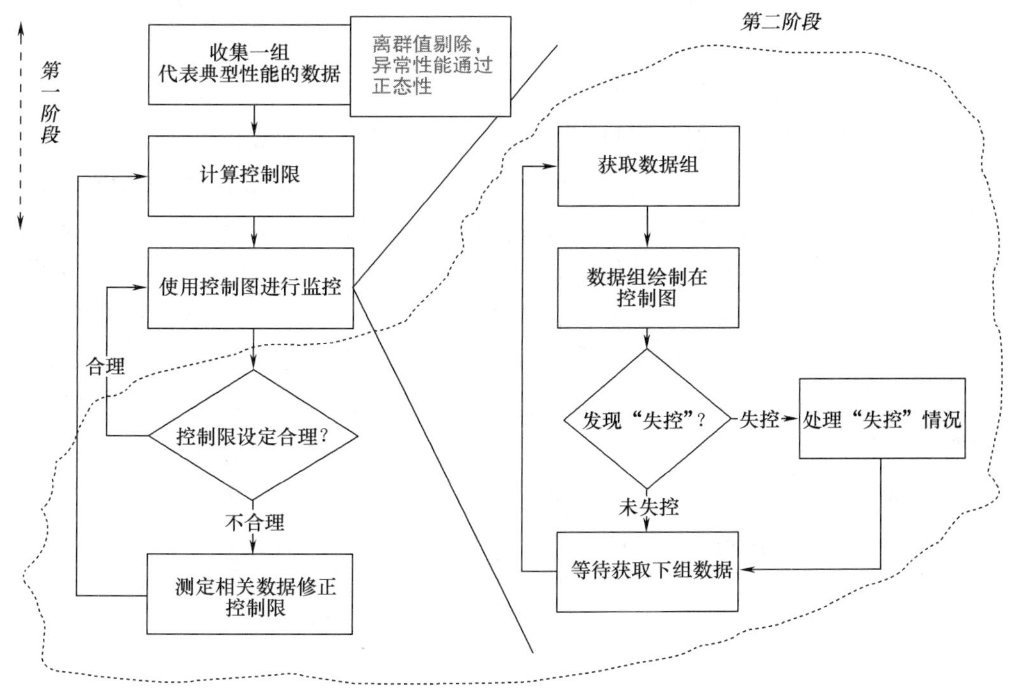

图 3 - 1　控制图两个阶段的内容交叉

图 3 -1 适用于以下方面：

①统计 QC 程序的设计和操作方案制定；

②被测分析测量系统的稳定性、精密度和偏倚性能的持续监控；

③均匀和稳定样品测量下产生连续数值结果的测量系统和方法的监控；

④同一水平特性度量下经偏倚修正后两个测量系统之间差异的监控；

⑤测量系统性能处于统计受控状态假定下的正态模型描述和预测。

建议实验室使用同一确认的标准方法，长时间对 QC 样品或 CS 样品进行 $s_{R'}$ 测量，尽可能对测量程序中已知或潜在的变异源进行合并，即应审慎地将需涵盖的所有已知源纳入程序的设计中（假定样品的试验变异代表实验室的预期总变异）。若这些变异无法控制或界定时，至少要评定 30 ~ 50 个抽取周期，以便将环境和其他因素纳入总估计值中。要求实验室备有一些稳定和均质化的材料，作为 QC 样品或 CS 样品的来源。样品的基体应近似于实验室使用同一测试方法日常分析的样品。稳定的样品假定为，自样品获取的测试结果在该样品长时间使用内应具有一致性；均质化的样品假定是，自样品源抽取的样本在测试方法的特性测试中未有显著变异。需随时注意样品的耗尽、变质或逐渐变化的情况发生。

由于检测方法中所固有的不确定性，使得实验室测量结果难以获得准确的接受参照值（ARV）。合理接近 ARV 的结果表明实验室操作检测方法无偏或偏倚可忽略。偏倚受控是基于小样本观测数据的总体抽样推断（小样本的 t 分布会受样本容量的影响），这是一种给定无差异下的零假设，其对立替代假设为备择假设，有双向的双尾和定向的单尾假设。如果接受零假设，意味总体中的效应不存在，或者说样本均值等于总体均值及两个总体的均值无差异。有时，样本统计量与总体参数之间的差异未必来自于随机抽样误差，如果样本均值与总体参数之间差异的概率小于 5%，零假设就不成立，结果存在统计上的显著性差异。由此，若结果与 ARV 之差超出规定量，实验室就应采取纠正措施。也就是说，实验室必须核查自身的偏倚，因为，准确可靠的实验室偏倚检出，是不确定度评定的前提条件。

通常情况下，QC 样品的数据无需进行预处理，但 CS 样品的数据必须进行预处理，以便达到稳定方差的作用（为后续的统计检验和作图做了铺垫）。CS 样品数据的预处理需要获知其 ARV，该值是建立在离群值的剔除且总体呈正态分布下的赋值。针对 CS 样品的系列结果，获得这种 ARV 的赋予值后，即可按照两种不同的情况进行预处理。之所以考虑数据的预处理，是因为统计推断使用的概率是基于正态分布的假设得出的，如果样本的取值没有服从正态分布，即概率小于 5%，零假设得不到满足，就会出现严重的后果。为了能更好地理解这种分布，得到样本取值分布的均值和标准差之后，在测量系统处于统计受控的前提下，可求得以标准差为单位的标准化值（适用于百分位数的取值），该值越大，正态分布尾部的相应 p 值就会越小。此处采用的标准误是某一统计量抽样分布的标准差，其度量了从同一总体中抽取相同容量样本的预期随机差异（预期总体均值的抽样分布）。

3.2　AD 统计技术的研究

3.2.1　问题的提出

测量过程处于“统计受控”是一个很重要的判据（以判断系统是否具有正态性和独立性），只有在这个前提条件下，当忽略偏倚效应时，$s_{R'}$ 才视为不确定度的合理估计值。由此要求，获取样本所代表的分布必须充分接近正态分布。

针对测量系统的正态性检验，通常的使用手段是图示法。比方说，测量系统的原假设条件是否成立，所赋予的平均值和标准差是否正确，这些不妨通过直方图的目测判断，来比较其是否接近理论的常态图形描述（即中间数值较多，向两侧对称减少，起先减少很快，随后逐渐放慢）。另一种方法是根据附录 A 表 A.1 给出的理论分布 z 值比较，利用数据组间四分位点描述的 $q-q$ 作图技术，来检查数据的位置漂移和分布，以目测判断数据的直线拟合是否来自于同一分布。数据点应近似落在直线周围而呈线性，过于偏离线性预示数据点的拟合非来自于正态分布。

统计受控还要绘制链图及其自相关函数图来进行检验。这些图均为一种单变量数据组的时间序列趋势分析图，可理解为 $X(t)$ 连续参数随机过程的特性，用于数据异常图形筛选和水平漂移的监控。如果图中的数据点表现为水平依赖性变异，例如，排列存在明显的漂移、连续趋势和循环、突变或过分发散、非正常聚堆、累进性和周期性的变异或同一侧一边倒的倾向，即表明实验室“失控”，意味着试验中存在可能的偏倚，需要调查和解决（参见前述的失控准则）。

尽管这些图示法有助于正态分布的判断，但严格来说，主观臆断的图形判断不是一个严格的正态性检验，尤其是接近 α 水准时。比方说，图 3－2 的目测分析往往容易出现误判（中间的直方图为失控）。

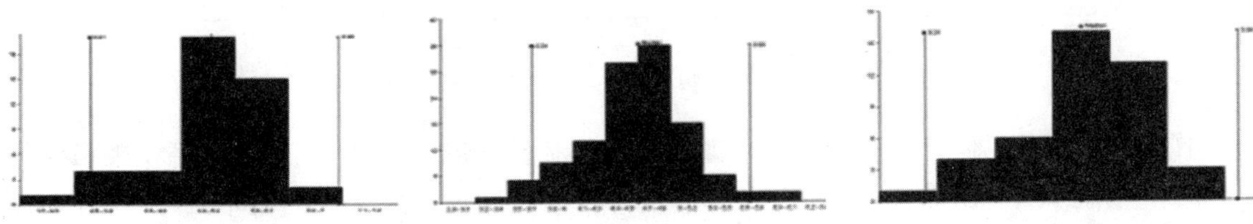

图 3－2　三种直方图的正态性描述

3.2.2　AD 统计技术

本研究认为，针对拟合优度的正态性检验，尤其涉及影响因素间的交互时，EDF（经验分布函数）型二次统计量的无方向检验具有更强的针对性和有效性。

EDF 型检验的基本思想是：用 EDF 的 $F_n(x)$ 与原假设分布函数 $F_0(x)$ 两者间的“距离”，

作为样本与原假设分布拟合优良性的度量。所谓二次统计量，即 $F_n(x)$ 与 $F_0(x)$ 的误差平方加权平均，是随着“距离”定义的不同，导出的检验统计量也不同。例如，二次统计量是由下式 Q 来定义 $[F_n(x)-F_0(x)]^2$ 的加权平均：

$$Q = n\int_{-\infty}^{\infty} [F_n(x) - F_0(x)]^2\omega(x)\mathrm{d}F_0(x)$$

式中，$\omega(x)$ 为适当选取的权函数。

本研究更青睐于 1954 年发布的 Anderson(1915)和 Darling(1918)的 AD 统计技术使用。因为较之其他检验方法，该技术对总体分布函数的估计，会具有检验效率高、不易受样本量和异常值等因素影响的优越性。见图 3－3。

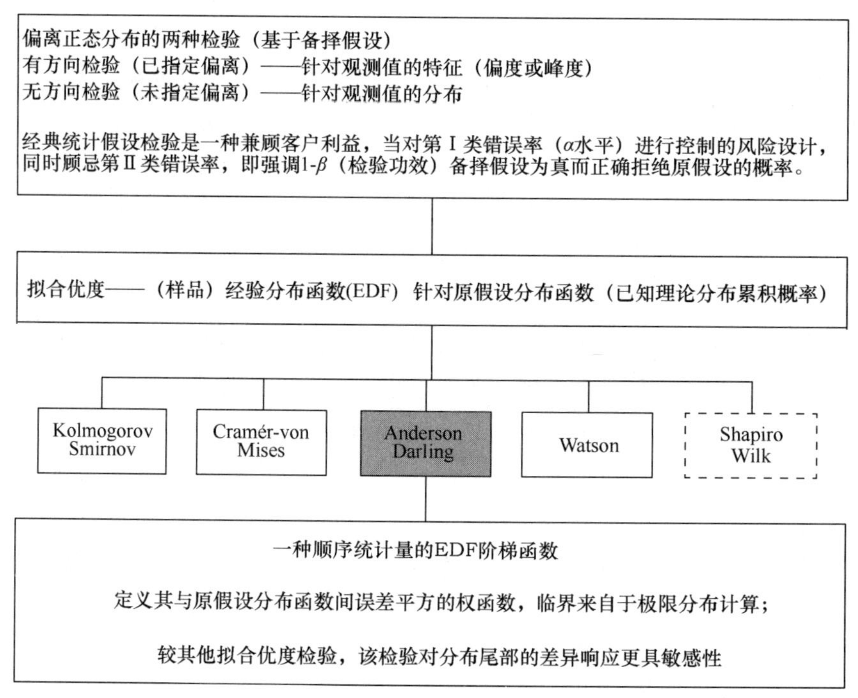

图 3－3　拟合优度下正态性检验的示意图

作为一种经典的假设检验，AD 技术兼顾了客户利益的风险设计，在顾忌到第Ⅰ类错误的 α 同时，应该强调 $1-\beta$(检验的功效)备择假设为真而正确拒绝原假设的概率。AD 统计对原假设的检验需考虑一个样本量 n，变为相应的调整量来与临界值进行比较。AD 统计的计算公式如下。

首先利用式(3－1)，将系列结果变换成标准化值。

$$\omega_i = \frac{x_i - \bar{x}}{s_{x_i}} \tag{3-1}$$

式中：ω_i —— x_i 的标准化值；

$\bar{x}$ —— x_i 的平均值(将剔除了离群结果的系列 x_i 写成 $x_1 \leqslant x_2 \leqslant,\cdots,\leqslant x_n$)；

s_{x_i}——分别按贝塞尔公式（S 式）或移动极差公式（MR 式）计算的 x_i 标准差，其中，$MR_i = |x_i - x_{i+1}|$，然后，利用式（3－2），给出 AD 估计值。

$$A^2 = -\frac{\sum_{i=1}^{n}(2i-1)[\ln(p_i)+\ln(1-p_{n+1-i})]}{n} - n \quad A^{2*} = A^2\left(1+\frac{0.75}{n}+\frac{2.25}{n^2}\right) \tag{3-2}$$

式中：A^{2*}——正态统计量，A^2的修正值。按 s 式计算时表示 A_s^{2*}，按 MR 式计算时表示 A_{MR}^{2*}；

p_i——正态概率值，利用附录 A 表 A.2（p 数值表），将 ω_i 值换算成正态概率 p_i 值；

n——测量次数。

若 A_s^{2*} 和 A_{MR}^{2*} 均小于 1.032 或 0.752，则分别接受 99% 或 95% 概率下数据正态性、独立性和分辨力合理性的原假设。

目前，AD 统计技术的应用，已经被许多的国家标准采用。

3.3 控制限确定与偏倚受控

3.3.1 数据的预处理

精密度不随水平变化的数据预处理见式（3－3）；精密度随水平变化的数据预处理见式（3－4）。

$$I_i = y_i - ARV_i \tag{3-3}$$

式中：I_i——样品预处理结果；

y_i——样品测量结果。

$$I_i = \frac{y_i - ARV_i}{\sqrt{s_{ARV_i}^2 + s_{R'}^2}} \tag{3-4}$$

式中：s_{ARV_i}——ARV 的标准差。

3.3.2 控制限的确定与趋势线叠加

I 图的上下行动限和警戒限、EWMA 值的叠加及其控制限、以及 MR 图的控制限，按式（3－5）、式（3－6）、式（3－7）、式（3－8）计算。

$$UCL(LCL) = \bar{I} \pm 2.66\overline{MR} \quad 或 \quad UCL(LCL) = \bar{I} \pm 3s_{R'} \tag{3-5}$$

$$UWL(LWL) = \bar{I} \pm 2s_{R'} \tag{3-6}$$

式中：UCL 和 LCL——分别为 I 图的上行动限和下行动限。

UWL 和 LWL——分别为 I 图的上警戒限和下警戒限。

$$EWMA_1 = I_1 \qquad EWMA_i = (1-\lambda)EWMA_{i-1} + \lambda I_i \qquad UCL_\lambda(LCL_\lambda) = \bar{I} \pm 3s_{R'}\sqrt{\frac{\lambda}{2-\lambda}} \tag{3-7}$$

式中：$EWMA_i$——指数加权移动平均值；

λ——权值，取 0.4；

UCL_λ 和 LCL_λ——分别为 EWMA 的上行动限和下行动限。

$$UCL_{MR}=3.27\ \overline{MR} \tag{3-8}$$

式中：UCL_{MR}——MR 图的上行动限；

MR——移动极差，$MR_i = |I_{i+1}-I_i|$，$\overline{MR}=1.128\ s_{R'}$。

3.3.3 控制限的统计合并

若两个精密度估计值未有统计差异（标称水平下的现方差与以往方差），利用式（3-9）或式（3-10）可合并为一个参数更新的估计值，重新建立 I 图（可选择 EWMA 叠加）和 MR 图。

$$MR_p=\sqrt{\frac{(n_1-1)(\overline{MR}_1)^2+(n_2-1)(\overline{MR}_2)^2}{n_1+n_2-2}} \tag{3-9}$$

$$s_{R'(p)}=\sqrt{\frac{(n_1-1)(s_{R'_1})^2+(n_2-1)(s_{R'_2})^2}{n_1+n_2-2}} \tag{3-10}$$

式中：MR_p 或 $s_{R'(p)}$——分别为 MR 法或 S 法计算的测量精密度合并值；

$s_{R'_1}$ 和 $s_{R'_2}$——不同批次样品测量的标准差。

3.3.4 偏倚受控（标准样品、参比方法、室间研究的确认）

若式（3-11）成立，则认为偏倚处于受控。

$$|\Delta|<2s_D \tag{3-11}$$

式中：Δ——分别为标准样品（RM）、室间研究（ILC）以及参比方法确认时得到的偏倚估计值；

s_D——分别为 RM、ILC 以及参比方法确认时得到的标准差。

3.3.4.1 标准样品的确认

实验室采用 RM（假定不确定度小于 s_D），其偏倚受控计算如式（3-12）。

$$|\Delta|=|\bar{y}-ARV| \tag{3-12}$$

式中：Δ——实验室对 RM 进行重复测量的偏倚估计值；

$\bar{y}$——实验室重复测量结果 y_i（$i=1,2,\cdots,n$）的平均值。

注 1：采用 RM 确认时得到的标准差有 $s_D=\sqrt{s_L^2+\frac{s_W^2}{n}}$，其中，$s_L$ 为室间标准差；s_W 为室内标准差，由 n 次重复获取（实验室的重复测量次数），并使得 $\sqrt{s_W^2/n}$ 的不确定度小于 $0.2\ s_R$。

注 2：若上述 $|\Delta|$ 和 s_D 的关系符合式（3-11），表明实验室的偏倚处于受控状态。

3.3.4.2 参比方法的确认

实验室利用参比方法（假定不确定度小于 s_D）和常规方法，对样品进行 n 次重复测量，产生 n 个成对值（y_i，$\bar{y}_i$）。形成的偏倚估计计算如式（3-13）。

$$|\bar{\Delta}_y| = \frac{\sum_{i=1}^{n_l}(\hat{y}_i - y_i)}{n_l} \qquad (3-13)$$

式中：$\bar{\Delta}_y$ ——实验室采用参比方法确认时的平均偏倚估值；

$\hat{y}_i$ ——实验室采用常规方法的样品测量结果；

y_i ——实验室采用参比方法的测量结果。

注 1：利用参比方法确认时得到的标准差有 $s_D = \sqrt{s_L^2 + \frac{s^2(\bar{\Delta}_y)}{n}}$，其中，$s_D$ 为实验室采用参比方法确认时得到的标准差；$s(\bar{\Delta}_y)$ 为 $\bar{y}_i$ 与 y_i 差值的标准差。可选择 n，使得 $\sqrt{s^2(\bar{\Delta}_y)/n}$ 的不确定度小于 $0.2\,s_R$。

注 2：若上述 $|\bar{\Delta}_y|$ 和 s_D 的关系符合式(3-11)，表明实验室的偏倚处于受控状态。

3.3.4.3　室间研究的确认

实验室参加了 ILC，并由此得到一个偏倚估计值，可通过以下两个方案来对偏倚受控进行确认：

方案 1：RM 的确认：可采用公议值和赋予不确定度的 RM，按照式(3-12)来进行确认。

方案 2：ILC 的确认(ILC 给出的标准差小于等于 s_R)，形成式(3-14)的偏倚估计值。

$$|\bar{\Delta}_y| = \frac{\sum_{i=1}^{q}(\hat{y}_i - y_i)}{q} \qquad (3-14)$$

式中：$\bar{\Delta}_y$ ——ILC 确认时的平均偏倚估计值；

$\hat{y}_i$ ——实验室给出的结果，$\bar{y}_1$，$\bar{y}_2$，…，$\hat{y}_q$；

y_i ——ILC 给出的公议值，$y_1, y_2, \cdots, y_q (q \geqslant 1)$；

q —— $\bar{y}_i$ 与 y_i 差值的次数。

注 1：利用 ILC 确认时得到的标准差有 $s_D = \sqrt{s_L^2 + \frac{s^2(\bar{\Delta}_y)}{q}}$，其中，$s(\bar{\Delta}_y)$ 是 $\bar{y}_i$ 与 y_i 差值的标准差。

注 2：若上述 $|\bar{\Delta}_y|$ 和 s_D 的关系符合式(3-11)，表明实验室的偏倚处于受控状态。

3.4　案例分析（汽油研究法辛烷值的测定）

某石化公司的质检中心认为，出厂汽油 RON 是质量保证的关键性技术和经济指标，决定对 90#(RON)、93#(RON)和 97#(RON)的三个牌号进行质量监控。质检中心随机选择了该三个牌号的留存样品，并基于长期的质量监控数据，分别赋予了 ARV(90) = 90.5、ARV(93) = 93.4 和 ARV(97) = 97.3，视其为核查样品(CS 样品)。

该中心根据 GB/T 5487—2015《汽油辛烷值的测定研究法》，在 $s_{R'}$ 测量条件下，将这三个

CS 样品随机地纳入到日常的检测工作中一并进行测量，按时间顺序共汇集了 30 个实测数据（Y_i），并利用式(3-5)~式(3-8)进行处理和统计。其中，由 GB/T 5487 得知，三个样品水平下均有 $R=0.7$，则质检中心选择了式(3-3)的数据预处理。详见表 3-1。

表 3-1　$s_{R'}$ 测量条件下不同 CS 样品的系列测量结果及其统计处理

时序	实测	ARV_i	I_i	MR_i	$EWMA_i$	I_i 升序	z 值	w_i
1	90.2	90.5	-0.3		-0.30	-0.7	-2.13	-1.78
2	97.5	97.3	0.2	0.5	-0.10	-0.6	-1.64	-1.42
3	90.1	90.5	-0.4	0.6	-0.04	-0.6	-1.38	-1.42
4	93.5	93.4	0.1	0.5	-0.20	-0.5	-1.19	-1.06
5	93.3	93.4	-0.1	0.2	0.02	-0.5	-1.04	-1.06
6	96.9	97.3	-0.4	0.3	-0.22	-0.5	-0.9	-1.06
7	90.5	90.5	0.0	0.4	-0.24	-0.5	-0.78	-1.06
8	93.1	93.4	-0.3	0.3	-0.12	-0.4	-0.67	-0.70
9	97.5	97.3	0.2	0.5	-0.10	-0.4	-0.57	-0.70
10	96.8	97.3	-0.5	0.7	-0.08	-0.4	-0.48	-0.70
11	90.2	90.5	-0.3	0.2	-0.42	-0.3	-0.39	-0.35
12	93.5	93.4	0.1	0.4	-0.14	-0.3	-0.3	-0.35
13	92.8	93.4	-0.6	0.7	-0.18	-0.3	-0.21	-0.35
14	97.5	97.3	0.2	0.8	-0.28	-0.3	-0.13	-0.35
15	89.8	90.5	-0.7	0.9	-0.16	-0.3	-0.04	-0.35
16	90.5	90.5	0.0	0.7	-0.42	-0.2	0.04	0.01
17	92.9	93.4	-0.5	0.5	-0.20	-0.2	0.13	0.01
18	97.5	97.3	0.2	0.7	-0.22	-0.2	0.21	0.01
19	92.9	93.4	-0.5	0.7	-0.08	-0.1	0.3	0.37
20	90.3	90.5	-0.2	0.3	-0.38	-0.1	0.39	0.37
21	96.9	97.3	-0.4	0.2	-0.28	0.0	0.48	0.73
22	93.3	93.4	-0.1	0.3	-0.28	0.0	0.57	0.73
23	90.2	90.5	-0.3	0.2	-0.18	0.1	0.67	1.08
24	97.1	97.3	-0.2	0.1	-0.26	0.1	0.78	1.08
25	96.8	97.3	-0.5	0.3	-0.32	0.1	0.9	1.08
26	93.5	93.4	0.1	0.6	-0.26	0.2	1.04	1.44
27	89.9	90.5	-0.6	0.7	-0.18	0.2	1.19	1.44

续表

时序	实测	ARV_i	I_i	MR_i	$EWMA_i$	I_i 升序	z 值	w_i
28	97.5	97.3	0.2	0.8	-0.28	0.2	1.38	1.44
29	90.2	90.5	-0.3	0.5	0.00	0.2	1.64	1.44
30	93.2	93.4	-0.2	0.1	-0.26	0.2	2.13	1.44
平均值			-0.203	0.47				
标准差			0.280	0.419				
UCL			0.64	1.37	0.22			
LCL			-1.04		-0.62			

表中的系列 I_i 值按升序排列后，与理论分布 z 值（见附录 A 表 A.1）配对，绘制概率图，同时也给出系列 I_i 的直方图，见图 3-4。

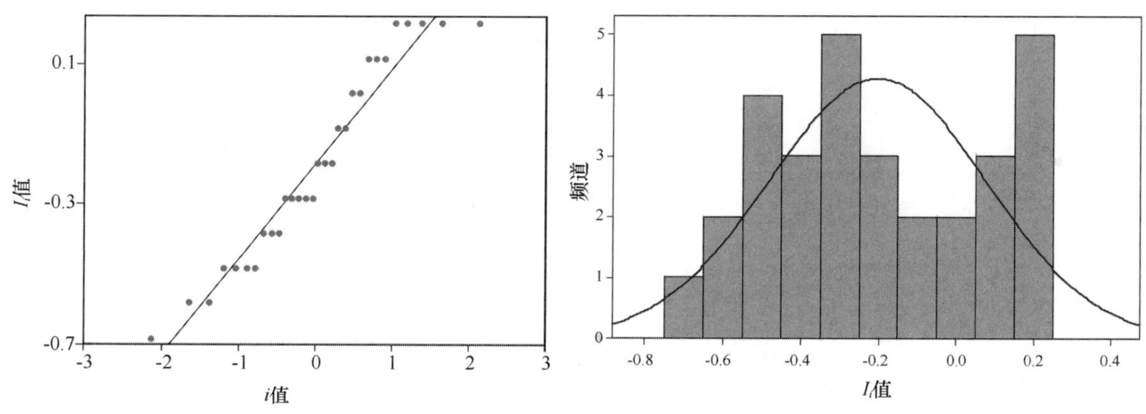

图 3-4　预处理结果与 z 值的分布概率图、以及预处理结果的直方图描述

图 3-4 利用了数据组间四分位点描述的 $q-q$ 作图技术，来检查数据的位置漂移和分布，以目测判断数据的直线拟合是否来自于同一分布。通常情况下，较之累积分布的中段观测，两端观测的某些值会有较大离差而偏离中段所确定的直线。寄希望于数据点应近似落在直线周围而呈线性，过于偏离线性预示数据点的拟合非来自于正态分布。

图 3-4 也是比较常见的正态性检验图示法。测量系统的原假设条件是否成立，所赋予的平均值和标准差是否正确，这些不妨通过直方图目测判断，来比较其是否接近理论的常态图形描述。

统计受控还要关注链图和自相关函数图（见图 3-5），这些图均为一种单变量数据组的时间序列趋势分析图，用于数据异常图形筛选和水平漂移的监控。如果图中的数据点表现为水平依赖性变异，例如，排列存在明显的漂移、连续趋势和循环、突变或过分发散、非正常聚堆、累进性和周期性的变异或同一侧一边倒的倾向，即表明实验室“失控”，意味着试验中存在可能的偏倚，需要调查和解决。从图 3-5 的目测分析中，较难接受测量系统仅受偶然原因变异影响的数据假设成立。

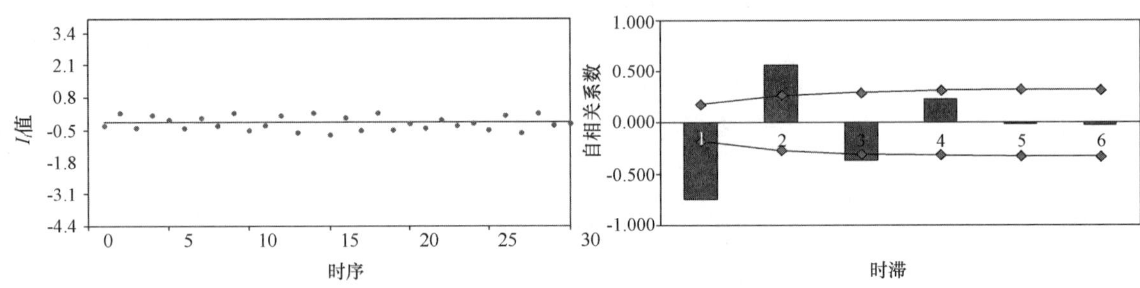

图 3 –5　预处理结果的链图和自相关函数图

质检中心对上述作图目测检查后依然有些对线性关系的质疑，觉得有必要利用式(3 –1)和式(3 –2)，来做进一步更为严谨的 AD 统计(详见表 3 –2 的汇总计算)。

考虑到 $A^{2^*}_{\mathrm{MR}}$ 的统计情况，质检中心是采用 3σ 来设限。表 3 –2 中给出的控制限计算值来自于式(3 –5) ~ 式(3 –8)。所绘制的 I/EWMA/MR 组合图(见图 3 –6)是对测量系统做进一步的检查。

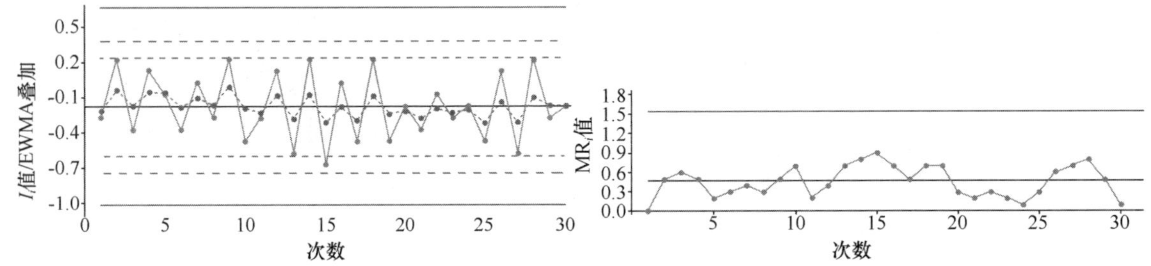

图 3 –6　预处理结果的 I/EWMA/MR 组合图

图 3 –6 是严格遵循传统的休哈特原则，认为 $3\sigma(\alpha = 0.01)$ 设限是基于最经济的误差极限考虑。图 3 –6 中的 EWMA 值叠加，避免错误报警的概率大大增加。实际上，这种 EWMA 的权值监控类似于 GB/T 4887 的 CUSUM 控制图。随子组的时间流逝，该叠加涉及 λ 的权重取值。当时间序列波动不大时，λ 可取 0.1 ~ 0.3；当数据变化起伏加大时，λ 可取 0.6 ~ 0.8。EWMA 权数呈指数级下降来控制递减速率，有助于对数据走向的趋势进行预测。本书建议取值 $\lambda = 0.4$，赋予每个 EWMA 现结果和前结果加权平均的平滑性，来观察图中 I_i 偏移的微小变化。

通常情况下可先观察数据的离散程度(MR 值过小表明测量的灵敏度或分辨力不足)，若质疑是否受控，究竟属何原因应与 I 图同时观察进行全面分析。

质检中心又做了 1% 和 99% 的分位数图(见图 3 –7)，结合以上所有图表再次进行了分析。

表 3-2 $s_{R'}$ 测量条件下不同 CS 样品系列预处理结果的 AD 统计计算

序号	I_i	MR_i	I_i升序	w_i	$2i-1$	p_i	$\ln(p_i)$	P_{n+1-i}	$\ln(1-P_{n+1-i})$	AD_i	w_i	p_i	$\ln(p_i)$	P_{n+1-i}	$\ln(1-P_{n+1-i})$	AD_i
1	-0.3		-0.7	-1.78	1	0.038	-3.272	0.925	-2.594	-5.867	-1.19	0.118	-2.139	0.832	-1.785	-3.924
2	0.2	0.5	-0.6	-1.42	3	0.078	-2.550	0.925	-2.594	-15.432	-0.95	0.172	-1.762	0.832	-1.785	-10.640
3	-0.4	0.6	-0.6	-1.42	5	0.078	-2.550	0.925	-2.594	-25.720	-0.95	0.172	-1.762	0.832	-1.785	-17.734
4	0.1	0.5	-0.5	-1.06	7	0.144	-1.935	0.925	-2.594	-31.704	-0.71	0.239	-1.430	0.832	-1.785	-22.505
5	-0.1	0.2	-0.5	-1.06	9	0.144	-1.935	0.925	-2.594	-40.762	-0.71	0.239	-1.430	0.832	-1.785	-28.935
6	-0.4	0.3	-0.5	-1.06	11	0.144	-1.935	0.861	-1.972	-42.978	-0.71	0.239	-1.430	0.766	-1.451	-31.683
7	0.0	0.4	-0.5	-1.06	13	0.144	-1.935	0.861	-1.972	-50.792	-0.71	0.239	-1.430	0.766	-1.451	-37.444
8	-0.3	0.3	-0.4	-0.70	15	0.241	-1.423	0.861	-1.972	-50.928	-0.47	0.319	-1.142	0.766	-1.451	-38.881
9	0.2	0.5	-0.4	-0.70	17	0.241	-1.423	0.766	-1.454	-48.904	-0.47	0.319	-1.142	0.686	-1.159	-39.117
10	-0.5	0.7	-0.4	-0.70	19	0.241	-1.423	0.766	-1.454	-54.657	-0.47	0.319	-1.142	0.686	-1.159	-43.719
11	-0.3	0.2	-0.3	-0.35	21	0.365	-1.008	0.644	-1.033	-42.868	-0.23	0.409	-0.895	0.597	-0.910	-37.897
12	0.1	0.4	-0.3	-0.35	23	0.365	-1.008	0.644	-1.033	-46.950	-0.23	0.409	-0.895	0.597	-0.910	-41.506
13	-0.6	0.7	-0.3	-0.35	25	0.365	-1.008	0.505	-0.703	-42.775	-0.23	0.409	-0.895	0.503	-0.700	-39.855
14	0.2	0.8	-0.3	-0.35	27	0.365	-1.008	0.505	-0.703	-46.196	-0.23	0.409	-0.895	0.503	-0.700	-43.044
15	-0.7	0.9	-0.3	-0.35	29	0.365	-1.008	0.505	-0.703	-49.618	-0.23	0.409	-0.895	0.503	-0.700	-46.232
16	0.0	0.7	-0.2	0.01	31	0.505	-0.684	0.365	-0.454	-35.265	0.01	0.503	-0.687	0.409	-0.525	-37.581
17	-0.5	0.5	-0.2	0.01	33	0.505	-0.684	0.365	-0.454	-37.540	0.01	0.503	-0.687	0.409	-0.525	-40.006
18	0.2	0.7	-0.2	0.01	35	0.505	-0.684	0.365	-0.454	-39.815	0.01	0.503	-0.687	0.409	-0.525	-42.430

续表

序号	I_i	MR_i	I_i升序	w_i	$2i-1$	p_i	$\ln(p_i)$	P_{n+1-i}	$\ln(1-P_{n+1-i})$	AD_i	w_i	p_i	$\ln(p_i)$	P_{n+1-i}	$\ln(1-P_{n+1-i})$	AD_i
19	-0.5	0.7	-0.1	0.37	37	0.644	-0.440	0.365	-0.454	-33.072	0.25	0.597	-0.515	0.409	-0.525	-38.501
20	-0.2	0.3	-0.1	0.37	39	0.644	-0.440	0.365	-0.454	-34.859	0.25	0.597	-0.515	0.409	-0.525	-40.583
21	-0.4	0.2	0.0	0.73	41	0.766	-0.266	0.241	-0.276	-22.219	0.49	0.686	-0.376	0.319	-0.385	-31.203
22	-0.1	0.3	0.0	0.73	43	0.766	-0.266	0.241	-0.276	-23.303	0.49	0.686	-0.376	0.319	-0.385	-32.725
23	-0.3	0.2	0.1	1.08	45	0.861	-0.150	0.241	-0.276	-19.152	0.72	0.766	-0.267	0.319	-0.385	-29.332
24	-0.2	0.1	0.1	1.08	47	0.861	-0.150	0.144	-0.156	-14.374	0.72	0.766	-0.267	0.239	-0.274	-25.415
25	-0.5	0.3	0.1	1.08	49	0.861	-0.150	0.144	-0.156	-14.986	0.72	0.766	-0.267	0.239	-0.274	-26.497
26	0.1	0.6	0.2	1.44	51	0.925	-0.078	0.144	-0.156	-11.917	0.96	0.832	-0.184	0.239	-0.274	-23.319
27	-0.6	0.7	0.2	1.44	53	0.925	-0.078	0.144	-0.156	-12.384	0.96	0.832	-0.184	0.239	-0.274	-24.233
28	0.2	0.8	0.2	1.44	55	0.925	-0.078	0.078	-0.081	-8.743	0.96	0.832	-0.184	0.172	-0.188	-20.466
29	-0.3	0.5	0.2	1.44	57	0.925	-0.078	0.078	-0.081	-9.061	0.96	0.832	-0.184	0.172	-0.188	-21.211
30	-0.2	0.1	0.2	1.44	59	0.925	-0.078	0.038	-0.039	-6.861	0.96	0.832	-0.184	0.118	-0.125	-18.231

表中的 AD_i 表示为 $(2i-1)[\ln(p_i)+\ln(1-p_{n+1-i})]$，最终的统计有：$A_s^{2*}=0.675$ 和 $A_{MR}^{2*}=1.194$。

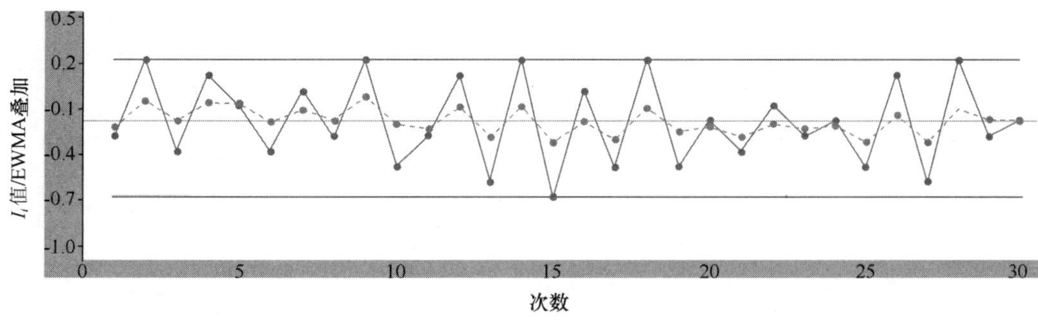

图 3－7　1% 和 99% 分位数图

尽管如此，质检中心通过技术调查后并未发现系统失控的确凿证据，初步认为系统未发生改变。质检中心没有将控制图中的 3σ 作为可靠性的判据，继续利用式(3－12)的 RM 确认分析，通过 $t=\dfrac{\sqrt{n}\,|\bar{I}-\mu_0|}{s_{I_i}}$ 检验（s_{I_i} 为 I 结果的标准差；μ_0 为均值零的假定值），给出了表 3－1 中预处理结果的双侧 t 检验，有 $t=2.66<2.76=t_{0.01}(29)$，判断其源自总体的 $\bar{I}$ 与零是否存在统计差异。从专业角度考虑，在单一因变量上取值的 t 检验，应偏重于实际显著性的效应量比较，而非依赖于样本容量的统计显著性检验。

当 $s_{R'}$ 测量条件下完成表中的第一阶段样品批次量后，质检中心选用参数定期更新方案来启动第二阶段的监控。因前后两批样品测量的特性值不同，在转换时需同时进行一段时间的同步测量，以确保样品质量跟踪的连续性。然后对两批样品标准差的一致性进行 F 检验。较之以往的精密度，设限过宽和过窄都会表明，最初精密度的计算值代表不了当前值。若 F 检验失败了，就认为函数太复杂，应调查非正常变异的原因。

表 3－3 是质检中心在 $s_{R'}$ 测量条件下按时间顺序再次汇集的第二批次 CS 样品数据（$n=15$），表中的统计（临界值见附录 A 表 A.3 和表 A.4）有：

$A_s^{2^*}=0.382$，$A_{\mathrm{MR}}^{2^*}=0.509$，$t=2.46<2.98=t_{0.01}(14)$；假定初步接受表 3－1 中系统仅受随机变异影响的假设成立，则两个批次之间的 F 比值 $<2.31=t_{0.0,5}(29,14)$。

表 3－3　第二批次不同水平下 CS 样品结果的统计

时序	实测	ARV_i	I_i	MR_i	$p(i)$	$\mathrm{AD}(i)$	$p(i)$	$\mathrm{AD}(i)$
1	93.2	93.4	−0.2		0.548	−5.914	0.536	−4.412
2	90.6	90.5	0.1	0.3	0.886	−13.641	0.818	−10.626
3	96.9	97.3	−0.4	0.5	0.274	−22.735	0.325	−17.710
4	93.1	93.4	−0.3	0.1	0.405	−20.582	0.428	−17.355
5	92.8	93.4	−0.6	0.3	0.093	−22.059	0.159	−19.353
6	90.4	90.5	−0.1	0.5	0.685	−22.651	0.642	−20.626
7	89.9	90.5	−0.6	0.5	0.093	−22.836	0.159	−21.447

续表

时序	实测	ARV_i	I_i	MR_i	$p(i)$	$AD(i)$	$p(i)$	$AD(i)$
8	97.2	97.3	-0.1	0.5	0.685	-20.933	0.642	-20.873
9	92.9	93.4	-0.5	0.4	0.168	-19.929	0.234	-20.601
10	97.2	97.3	-0.1	0.4	0.685	-17.051	0.642	-19.042
11	93.5	93.4	0.1	0.2	0.886	-14.660	0.818	-17.570
12	93.3	93.4	-0.1	0.2	0.685	-12.927	0.642	-16.331
13	89.8	90.5	-0.7	0.6	0.046	-5.467	0.102	-9.355
14	97.5	97.3	0.2	0.9	0.941	-5.905	0.881	-10.103
15	90.3	90.5	-0.2	0.4	0.548	-3.121	0.536	-6.793
平均值			-0.233	0.414				
标准差			0.277	0.367				
F 比值			1.02	1.30				

MR 模式不是一成不变的，使用一段时间后，应根据实际质量水平对中心线和控制界限进行修改。若前后两个批次的精密度估计值未有统计差异（标称水平下的现方差与以往方差），此时即可利用式（3-9）或式（3-10）合并为一个参数更新的估计值。MR 的合并后为 0.403，$s_{R'}$ 的合并后为 0.279，该两个合并值与表 3-1 的估计没有差异。现有的样品用完后，即可转到新建立的 I 图（可选择 EWMA 叠加）和 MR 图上（使用新估计值）。

合并后的精密度是否适宜，直接影响到行动限的设定，变异过于苛刻导致控制限过窄，而变异过大又会造成控制限过宽，其结果均表明，给出的精密度代表不了当前状况。根据本案例的特殊情况，质检中心认为，两个批次标准差合并后给出的 0.279 基本上符合实际情况。

质检中心考虑了 $s_{R'}$ 与 CS 样品不确定度的一致性（较之 $s_{R'}$ 来说，偏倚带来的效应可忽略不计），决定选用第 I 类错误概率（$\alpha=0.05$），来建立测量结果最终给出的包含区间。即在偏倚受控的 $s_{R'}$ 测量条件下，根据自身的实际情况，视 2 $s_{R'}$ 为不确定度的评估值，不确定度区间为 $\pm ku_C$；$2s_{R'}=2\times0.279=0.558\approx0.6$（RON）。

质检中心认为，偏倚和精密度受控的 AD 统计为前提条件，当忽略偏倚效应带来的不确定度时，可直接使用 $s_{R'}$ 来进行估计，其评定步骤如下：

①对不同类型的检测数据，首先应按情况进行数据预处理；

②其次，应进行链图目测和 AD 检验，以确认数据正态性和独立性的符合性；

③再次，实施 t 检验，检查数据和均值之差是否与假定值 μ_0 存在差异；

④建议采用 I/MR（单值/移动极差）组合图，适宜时，给出 EWMA 的叠加值，并计算相应的控制限；

⑤对批次间的精密度进行一致性的 F 检验，以察觉两者之间是否具有相同的精密度；

⑥统计合并后的标准差含有最大限度的自由度，用以进一步确认测量系统的性能是否

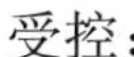

受控；

⑦当忽略系统效应的贡献量时，可将 2 $s_{R'}$ 作为不确定度的评估值。

质检中心认为，本案例模拟的技术路线与 ISO/IEC GUIDE 98 - 3（2008）Uncertainty of measurement data—Part 3：Guide to the expression of uncertainty in measurement 两者间不存在原则差异，但各自具有其局限性，比方说，后者仅能包含已知源，无法识别交互效应，易产生风险低估；而前者的总体代表性不易找到。但是，如果试验方案设计合理，则会最大限度降低两者之间的差异程度。

质检中心提出的统计合并动态跟踪监控技术，目的在于能涵盖试剂降级、仪器漂移、操作波动、环境变化等系统效应，全部纳入为批次间的随机波动效应，以此来监控系统长期的稳定性、精密度和偏倚性能，且验证连续的分析能力是否代表日常系统的性能。

尽管如此，质检中心依然坚持调查特殊原因，并作为持续改进计划的关键要素进行定期审核。同时，建议继续进行阶段性的质控活动，持续地对新建立的控制限进行调整和更新，以期获得更加合理的不确定度估计值。

第 4 章　多水平的评定研究

4.1　线性回归的概念解释

直线拟合更适用于多水平下两个变量(X 和 Y)回归的区间监控,用来确定日常系统与“标准”系统间是否存在偏倚。无论是校准曲线还是回归曲线,希望所用系列标准样品(RM)的基体与被测物尽可能地相匹配。如果出现非匹配情况,则很难区分是由于基体还是测量程序中的效应所致。鉴于这种原因的不可测,对标准样品 RM 的不认真对待(例如时间因素),都会对样品的基体有影响,以至于引起校准或偏倚的误判。国内的 CNAS 文件都对此有如下描述:

“当输入量的估计值是由实验数据用最小二乘法拟合的曲线上得到时,曲线上任何一点和表征曲线拟合参数的标准不确定度,可用有关的统计程序评定。如果被测量估计值在多次观测中呈现与时间有关的随机变化,则应采用专门的统计分析方法”;

“实验室应按检测方法的要求建立校准曲线。所用标样应覆盖被测样品的浓度范围”。

所谓“直线回归”即指:在仪器输出的工作区域内,各数据点接近直线的近似程度(即针对已知输入量,其平均测量的输出与直线的最大偏差);或者说,抽取直接或经一定数学换算能与样品中被测物的浓度,在一定范围内成正比的诸测试结果的能力。用系列标准样品(RM)来调整仪器,是为了建立连接被测物水平与输出信号两者间的直线回归拟合关系,这种关系是仪器的一种性能特征,完全随仪器或实验因素而定。若仪器的输出量呈非线性时,需做相应的调整。只有经过调整后的输出结果才会标志着被测质量的真实性(图 4－1)。

直线回归拟合更多针对的是仪器分析,即在规定条件下的一组操作给出校准曲线,由其确定标准提供量值与相应示值之间的关系,并以此信息确定由示值获得测量结果的关系。本书不建议通过多元回归来控制其他变量,因为这样做代替不了数据之间内在关系的了解。

本书认为,属于经典统计的直线拟合,是在下列假设之下做出的(这也是为什么强调要进行 AD 统计检验的缘故):

——水平下 RM 的 ARV 不存在误差,或来自总体独立随机变量 X 的误差与 Y 比较可忽略不计;

——诸因变量(y_n)的误差归属于同一个统计总体,且各误差互相独立;

——误差的总体统计平均为 0。

由最小二乘法求得 $y_i = a + bx_i + \varepsilon_i$,式中, $\varepsilon_i \sim N(0,\sigma^2)$,且 $\varepsilon_i = y_i - \hat{y}_i$ 相互独立。另一个不可忽视的条件是方差的稳定性,若出现非齐性的异方差,平均数与变异非相互独立或达

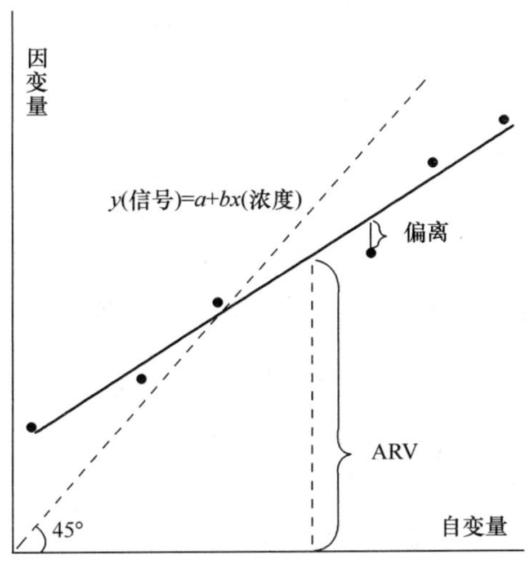

图 4－1　直线回归的校准曲线

到方差齐性时，需加权计算。

在无法决定何种变换合适时，可做少数几种处理数据的变换，然后再在变换后的坐标上检查平均数与方差之间是否存在相关性。

以下给出案例的线性拟合中的回归分析，是采用 OLS（普通最小二乘）还是 WLS（加权最小二乘），取决于对水平下变异的评判。如果在日常分析中出现了水平依赖下异方差的趋势，则必须利用 WLS 来进行模拟样品结果的变换，这种变换能降低两个变量对较小数值范围的敏感性，避免非恒定 CV 效应对回归参数的影响。

直线回归的基本概念若从简单的分析角度上来看，平方偏离之和（S）为 a 和 b 的函数，其公式有：$S(a,b) = \sum (y_i - \hat{y}_i)^2 = \sum (y_i - a - bx_i)^2$。

该公式表明，在所有直线中，回归直线到所有点平均距离的均方根（rms）应尽可能小，或者说，是使 x 预测 y 的 rms 最小的那条回归直线。对上式求偏导后给出以下解：

$$S_{XX} = (n-1)s_x^2 = \sum_{i=1}^{n} (x_i - \bar{x})^2$$

$$S_{YY} = (n-1)s_y^2 = \sum_{i=1}^{n} (y_i - \bar{y})^2$$

$$S_{XY} = \sum_{i=1}^{n} (x_i - \bar{x})(y_i - \bar{y}) = \sum_{i=1}^{n} (x_i - \bar{x})y_i$$

$$b = \frac{\sum (x_i - \bar{x})y_i}{\sum (x_i - \bar{x})^2} = \frac{S_{XY}}{S_{XX}} \qquad a = \bar{y} - b\bar{x}$$

$$r = \frac{\sum (x_i - \bar{x})(y_i - \bar{y})}{(n-1)s_x s_y} = \frac{\sum y_i(x_i - \bar{x})}{(n-1)s_x s_y}$$

上式相关系数(r)中的 $\frac{\sum(x_i-\bar{x})(y_i-\bar{y})}{(n-1)}$ 为协方差；或有：

$$r=\frac{s_y^2+s_x^2-s_d^2}{2s_xs_y}$$

式中，$d_i=y_i-x_i$。

以表4-1（绘图见图4-2）中同一材料的43个样本测量为例，其中 X 视为无误差的标准值，来自最佳设备的过程测量；Y 来自另一个测量系统的预测值，并根据上式求得：

$b=477.256/424.258=1.125$（或者 $b=\frac{rs_y}{s_x}$）

其中的 b 为 y_i 的加权平均，其权值的计算为：

$w_i=\frac{(x_i-\bar{x})}{S_{XX}\cdot}$；$a=79.72-1.125\times79.85=-10.111$。

$r=\frac{477.256}{(43-1)(3.178)(4.734)}=0.755$　或者　$r=\frac{4.734^2+3.178^2-3.128^2}{2(3.178)(4.734)}=0.755$

已知：

$$\hat{\sigma}=\sqrt{\frac{\sum(y_i-\hat{y}_i)^2}{n-2}}=\sqrt{\frac{S_{YY}-bS_{XY}}{n-2}}=\sqrt{\frac{941.201-1.125(477.256)}{43-2}}=3.14$$

$$se(b)=\frac{\hat{\sigma}}{\sqrt{S_{XX}}}=\frac{3.14}{\sqrt{424.2579}}=0.15$$

$$se(a)=\hat{\sigma}\sqrt{\frac{1}{n}+\frac{\bar{x}^2}{S_{XX}}}=3.14\sqrt{\frac{1}{43}+\frac{79.85^2}{424.2579}}=12.18$$

如前所述，假设表4-1中的数据集由最小二乘法求得 $y_i=a+bx_i+\varepsilon_i$ 成立，且 $\varepsilon_i(y_i-\hat{y}_i)\sim N(0,\sigma^2)$ 相互独立，则系列 ε_i 应该处于时间序列下的统计受控状态，见图4-3和图4-4。

根据给出的直线回归模型来计算平均响应的包含区间、以及后续响应和预测区间。

假定基于拟合模型 $\hat{y}-a+bx_0$，利用某独立变量（x_0）来直接测定平均估计值（$\hat{y}$），则可建立 $x_0=79.6$ 下平均响应的包含区间，有：

$$a+bx_0\pm t_{1-\alpha/2,n-2}\hat{\sigma}\sqrt{1+\frac{1}{n}+\frac{(x_0-\bar{x})^2}{(n-1)s_x^2}}=-10.104+1.125\times79.6\pm2.02\times3.14\sqrt{1+\frac{1}{43}+\frac{(79.6-79.85)^2}{(43-1)(3.178)^2}}=79.45\pm6.42$$

预测区间的估计通常用于回归分析中，其涵盖了后续1个或更多独立观测结果的变异，则会宽于包含区间（适用于平均响应），见图4-5。

表 4－1　两个测量系统的数据对

i	x_i	y_i	i	x_i	y_i
1	78.61	78.50	23	82.90	84.10
2	75.33	72.59	24	76.80	72.86
3	82.15	80.29	25	80.79	81.96
4	77.49	71.95	26	80.51	79.34
5	78.88	80.44	27	74.96	74.08
6	83.88	84.16	28	81.68	79.63
7	71.80	68.78	29	81.22	83.49
8	84.53	82.90	30	78.77	77.90
9	84.23	87.80	31	82.55	85.33
10	75.28	71.84	32	85.00	85.65
11	78.66	82.55	33	82.46	79.78
12	81.50	88.99	34	83.09	83.93
13	80.24	78.27	35	74.63	79.56
14	75.44	73.34	36	75.49	71.70
15	79.47	83.03	37	81.45	80.14
16	78.99	75.29	38	77.14	79.20
17	83.27	79.89	39	79.89	84.45
18	80.60	75.32	40	79.98	77.54
19	80.92	85.39	41	76.16	80.63
20	76.74	78.38	42	83.12	78.39
21	82.28	81.62	43	81.95	83.29
22	82.55	83.50			

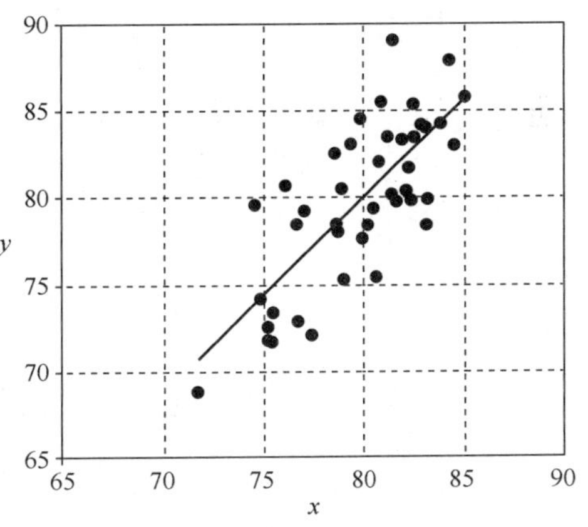

图 4－2　加权最小二乘测量的散点图

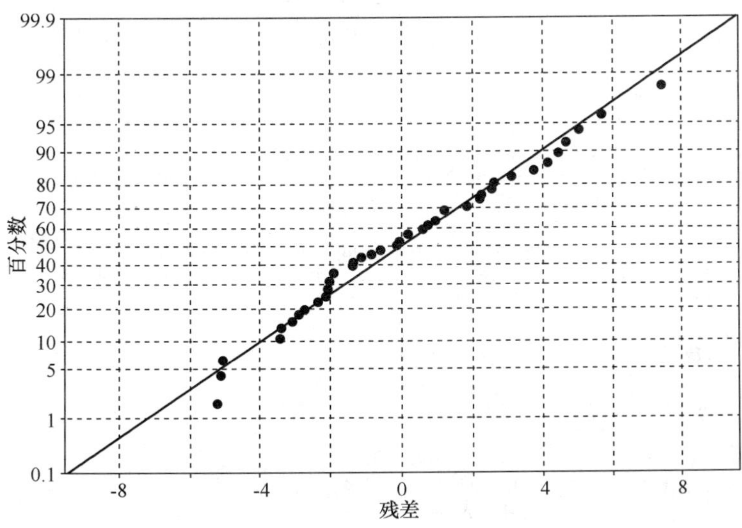

图 4－3　残差正态概率图

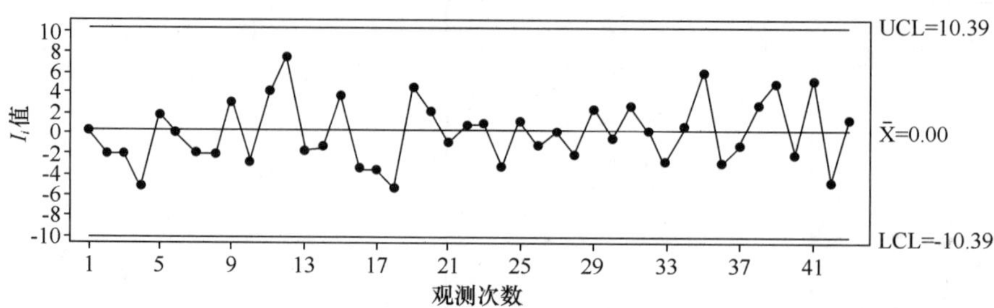

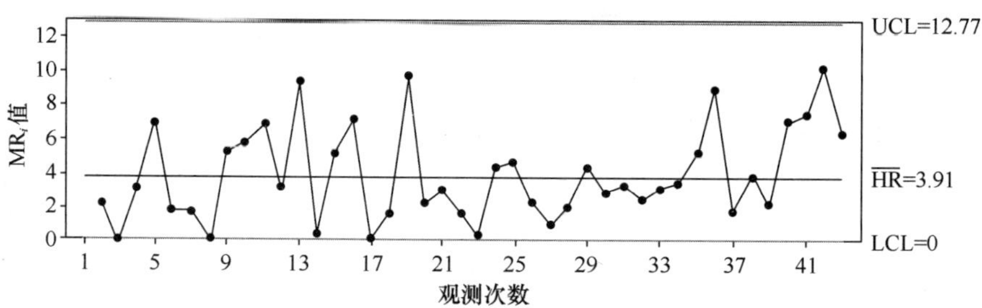

图 4－4　时间序列的残差单值/移动极差图

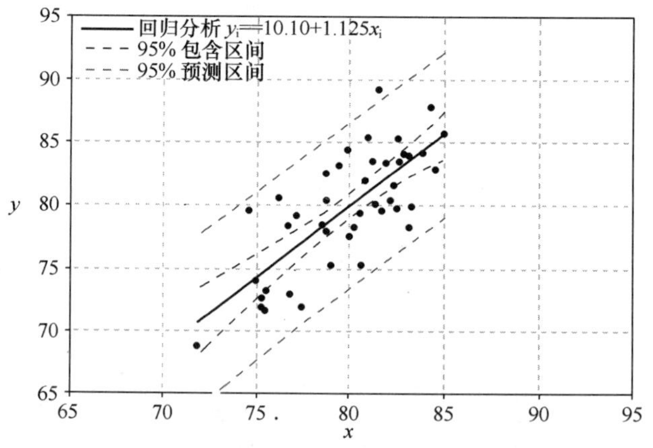

图 4－5　包含区间与预测区间

4.1.1　常数模型

各种参数计算见式(4－1)～式(4－3)。

$$y_{nk} = a + b\mathrm{RM}_n \quad \hat{s} = \sqrt{\frac{\mathrm{SSE}}{(NK-2)}} \quad \mathrm{MSSL} = \frac{\mathrm{SSL}}{N-2} \quad \mathrm{MSSP} = \frac{\mathrm{SSP}}{NK-N} \qquad (4-1)$$

式中：y_{nk}——第 n 个水平的第 k 次测量值($k=1,2,\cdots,K$)；

a,b——分别为截距和斜率估计值；

$\hat{s}$——测量系统的精密度估计值；

SSE——残差平方和，有 $\sum\sum(\varepsilon_{nk})^2$，$\varepsilon_{nk}=y_{nk}-\hat{y}_n$，其中，$\varepsilon_{nk}$ 为残差值，$\hat{y}_n$ 为 y_{nk} 的估计值；

NK－2——自由度，其中，N 为 RM 数，K 为每个 RM 的重复测量数；

SSL——失拟平方和，有 SSL＝SSE－SSP，其中，MSSL 为失拟误差均方；

SSP——实验平方和，有 $\sum\sum(y_{nk}-y_{n\cdot})^2$，$y_{n\cdot}$ 为第 n 个水平的结果平均值，其中，MSSP 为实验误差均方。

$$\mathrm{RM}_i^*=\frac{\bar{y}-a}{b}\quad \varepsilon_i=\mathrm{RM}_i^*-\mathrm{RM}_i\quad \mathrm{UCL(LCL)}=\pm 3\frac{\hat{s}}{b} \tag{4-2}$$

$$u=\sqrt{\frac{\sum_{j=1}^{J}(\varepsilon_{1j}^2+\varepsilon_{2j}^2)}{2J}}\quad \mathrm{RM}_i^*\pm t_{0.975,2J}\times u \tag{4-3}$$

式中：u——以绝对值表示的合成标准不确定度；

RM_i^*——拟合值；

$\bar{y}$——y_{nk} 的重复测量平均值；

UCL 和 LCL——分别为上控制限和下控制限；

$\varepsilon_{1j}^2,\varepsilon_{2j}^2$——分别为最小和最大 RM 的残差值，其中，$J$ 为测量次数，j 为测量时间点。

4.1.2　比例模型

将 ε_{nk} 对应于 $\hat{y}_n$ 作图，如果图中显示非以 0 点为中心的随机分布，或 ε_{nk} 与 $\hat{y}_n$ 之间呈现某种系统图形，表明常数模型的假定不成立，可采用比例模型拟合。

各种参数计算见式(4－4)～式(4－6)。

$$z_{nk}=a+bw_n\quad \hat{\tau}=\sqrt{\frac{\mathrm{WSSE}}{(NK-2)}}\quad \mathrm{WMSSL}=\frac{\mathrm{WSSL}}{N-2}\quad \mathrm{WMSSP}=\frac{\mathrm{WSSP}}{NK-N} \tag{4-4}$$

式中：z_{nk}——$\frac{y_{nk}}{\mathrm{RM}_n}$，第 n 个水平的第 k 次变换值($k=1,2,\cdots,K$)；

w_n——$\frac{1}{\mathrm{RM}_n}$，第 n 个水平的权值；

$\hat{\tau}$——测量系统的精密度估计值；

WSSE——加权残差平方和，有 $\sum\sum(u_{nk})^2$，$u_{nk}=z_{nk}-\hat{z}_n$，其中，u_{nk} 为加权残差值，$\hat{z}_n$ 为 z_{nk} 的估计值；

WSSL——加权残差平方和，有 WSSL＝WSSE－WSSP，其中，WMSSL 为失拟误差均方；

WSSP——加权实验平方和，有 $\sum\sum(z_{nk}-z_{n\cdot})^2$，$z_{n\cdot}$ 为第 n 个水平的变换结果平均值；

WMSSP——实验误差均方。

$$\mathrm{RM}_i^* = \frac{\bar{y} - a}{b} \quad u_i = \frac{\mathrm{RM}_i^* - \mathrm{RM}_i}{\mathrm{RM}_i} \quad \mathrm{UCL(LCL)} = \pm 3\frac{\hat{\tau}}{b} \tag{4-5}$$

$$u = \sqrt{\frac{\sum_{j=1}^{J}(u_{1j}^2 + u_{2j}^2)}{2J}} \quad \mathrm{RM}_i^* \pm t_{0.975}(2J) \times u \times \mathrm{RM}_i^* \tag{4-6}$$

式中：u ——以相对值表示的合成标准不确定度；

u_{1j}^2, u_{2j}^2 ——分别为最小和最大 RM 的残差值，其中，J 为测量次数，j 为测量时间点。

4.1.3 案例分析（食品黄曲霉毒素的测定）

实验室决定对 GB/T 18979—2003《食品中黄曲霉毒素的测定　免疫亲和层析净化高效液相色谱法和荧光光度法》的测量系统进行监控，实验步骤如下。

（1）规定了免疫亲和层析净化，适用于玉米、花生及其制品（花生酱、花生仁、花生米）、大米、小麦、植物油脂、酱油、食醋等食品中黄曲酶毒素的测定。其中，黄曲酶毒素 B_1 以及黄曲酶毒素总量（B_1、B_2、G_1、G_2 的浓度之合）检出限为 1μg/kg。

（2）试样通过甲醇－水提取过滤和稀释（含有黄曲酶毒素特异抗体的免疫亲和层析净化后，对黄曲酶毒素 B_1、B_2、G_1、G_2 具有专一性，黄曲酶毒素交联在层析介质中的抗体上）。用水或吐温－20/PBS 将免疫亲和柱上杂质除去，以甲醇通过免疫亲和层析柱洗脱，洗脱液通过带荧光检测器的高效液相色谱仪柱后碘溶液衍生测定黄曲酶毒素的含量。

（3）黄曲酶毒素标准储备溶液：用苯－乙睛（98＋2）溶液分别配制 0.100mg/mL 的黄曲酶毒素 B_1、B_2、G_1、G_2 标准储备液，保存于 4℃ 备用。

（4）黄曲酶毒素混合标准工作液：准确移取适量的黄曲酶毒素 B_1、B_2、G_1、G_2 标准储备液，用苯－乙睛（98＋2）溶液稀释成混合标准工作液。

（5）使用仪器为美国惠普 HPLC HP1100 色谱仪（具有 360nm 激发波长和大于 420nm 发射波长的荧光检测器）。

（6）分别提取和净化分析步骤：用进样器吸取 100μL 黄曲酶毒素混合标准工作液，注入 HPLC 色谱仪，在相应的色谱条件下测定标准溶液的响应值。取样品洗脱液 1.0mL 加入重蒸馏水定容至 2.0mL，用进样器吸取 100μL 注入 HPLC 色谱仪，在相应色谱条件下测定试样的响应值。经过与黄曲酶毒素标准溶液谱图比较响应值得到试样中黄曲酶毒素 B_1、B_2、G_1、G_2 的浓度。

实验室自标准工作液中分别配制成 3μg/kg、5μg/kg、8μg/kg、10μg/kg 的标准溶液（RM）。因系统控制过程的精密度完全取决于时间的变量，则实验室按照 GB/T 18979 和测量系统正常的工作要求，在 $s_{R'}$ 测量条件下，由不同分析人员在不同时间间隔内，通过 HPLC 色谱仪的测定，自系列标准溶液样品中各收集 4 次重复测试数据。并利用式（4－1），分三次给出了不同情况下的实验数据集，其中，前两次拟合的线性回归函数属于失控，而第三次给出的方程才是真正处于受控状态。详见表 4－2 的统计汇总和分析。

表 4 – 2　某测量系统三次数据集模拟的统计汇总与分析

轮次	RM	y_{n1}	y_{n2}	y_{n3}	$y_{n.}$	标准差	$\sum(y_{nk}-y_{n.})^2$	$\hat{y}_n$	ε_{n1}	ε_{n2}	ε_{n3}
第一次	3.0	2.97	2.72	3.07	2.94	0.180	0.0650	2.94	0.033	−0.217	0.133
	5.0	4.98	5.09	4.75	4.96	0.173	0.0602	4.96	0.020	0.130	−0.210
	8.0	8.11	8.09	7.78	8.00	0.185	0.0685	7.99	0.117	0.097	−0.213
	10.0	10.13	9.81	10.14	10.02	0.188	0.0705	10.02	0.114	−0.206	0.124
	$y_{n.}=1.011\text{RM}-0.099$			$r=1.000$		$t=1.58$	SSP = 0.2641 MSSP = 0.033	$A_s^{2*}=1.415$, SSE = 0.266 SSL = 0.002, MSSL = 0.001, $F=0.03$			
第二次	3.0	2.95	2.82	3.05	2.96	0.115	0.0266	2.97	−0.017	−0.147	0.083
	5.0	4.96	5.02	4.87	4.96	0.075	0.0114	4.99	−0.034	0.026	−0.124
	8.0	8.15	8.19	8.28	8.16	0.067	0.0089	8.03	0.116	0.156	0.246
	10.0	10.08	9.86	9.99	9.98	0.111	0.0245	10.06	0.020	−0.200	−0.070
	$y_{n.}=1.013\text{RM}-0.073$			$r=1.000$		$t=0.21$	SSP = 0.0713 MSSP = 0.009	$A_s^{2*}=0.117$, SSE = 0.190 SSL = 0.119, MSSL = 0.059, $F=6.66$			
第三次	3.0	2.86	2.69	2.77	2.83	0.085	0.0145	3.00	−0.139	−0.309	−0.229
	5.0	4.97	5.41	5.31	5.17	0.231	0.1064	4.96	0.015	0.455	0.355
	8.0	7.84	8.19	7.73	7.94	0.240	0.1154	7.89	−0.050	0.300	−0.160
	10.0	9.35	9.99	9.65	9.75	0.320	0.2051	9.85	−0.496	0.144	−0.196
	$y_{n.}=0.065+0.978\text{RM}$			$r=0.998$		$t=3.68$	SSP = 0.4413 MSSP = 0.0552	$A_s^{2*}=0.275$, SSE = 0.923 SSL = 0.482, MSSL = 0.241, $F=4.37$			

注1：AD 统计的计算步骤可参照 3.4 案例分析（汽油研究法辛烷值的测定）；

注 2：$t_{0.05}(2)=4.30$，见附录 A 表 A.3；$F_{0.05}(2,8)=4.46$，见表 A.4

表中三次数据集均通过 t 检验（$p>0.05$），表明斜率与 0 非呈显著性差异，但其他统计出现以下不同情况：

第一次数据集的 $A_s^{2*}=1.415>1.0$，尽管 $F=0.03<F_{0.05}(2,8)=4.46$，表明模型 $y_{n.}=1.011\text{RM}-0.099$ 失控；

第二次数据集 $A_s^{2*}=0.117<0.752$，但 $F=6.66>F_{0.05}(2,8)=4.46$，表明模型 $y_{n.}=1.013\text{RM}-0.073$ 存在失拟效应；

第三次数据集 $A_s^{2*}=0.275<0.752$，且 $F=4.37<F_{0.05}(2,8)=4.46$，表明模型 $y_{n.}=0.065+0.978\text{RM}$ 拟合有效。

因仅基于有限的观察数据不可能多到连续地给出一个的条件数学期望函数，$\hat{y}=E(Y|\text{RM})$，也只能靠现有数据进行 OLS 来考察两个连续变量之间的线性回归关系。比方说，针对第二次的数据集而言，通常认为 $y_{n.}=1.013\text{RM}-0.073$ 拟合显著是因其有 $r=1.000$。然而，利用系列残差 ε_{nk} 对其回归进行检验时，却发现 ε_{nk} 项并非来自于实验误差，还要考虑由于模型不当时其他因素所贡献的失拟项。结果证明有 $F=6.66>F_{0.05}(2,8)=4.46$，而导致模型拟合 $y_{n.}=1.013\text{RM}-0.073$ 失效，由此，对回归分析的解释必须要慎之又慎。

回归分析中既然用到了“预测变量”和“结果变量”的概念，则有预测就可能不准确，这是在自变量 RM 的取值来预测因变量 Y 的结果必然产生预测的残差 ε_{nk} 。诚然，两个变量之间的关系相关性越强，预测误差就越小；但，反之未必成立。不能作为模型拟合好坏的判据。第一次数据集拟合的模型（见图 4－6）与第三次（见图 4－7）两者之间就存在明显的不同。

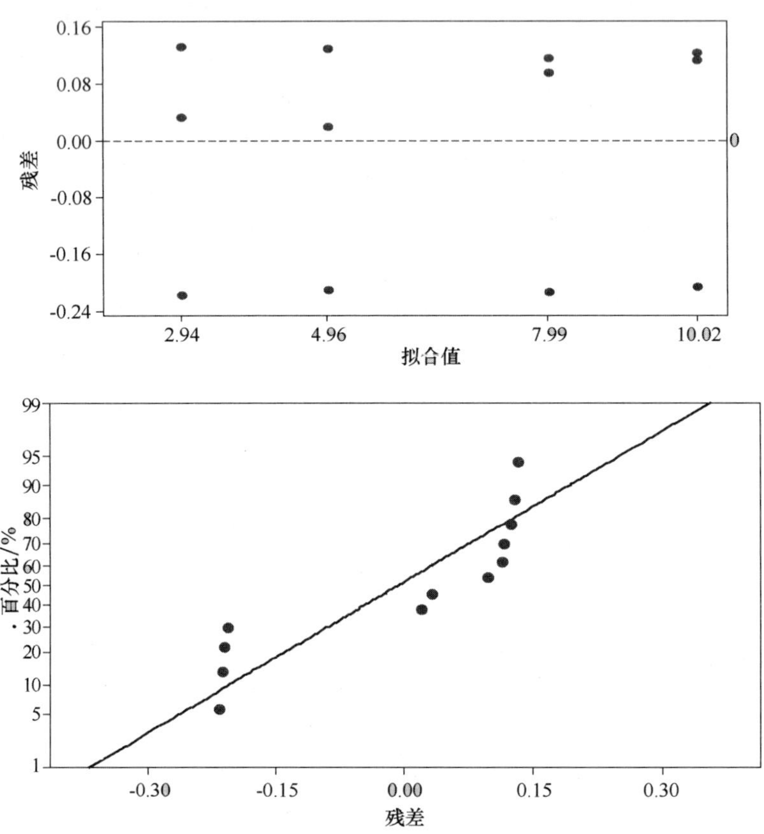

图 4－6　第一次数据集 $y_{n.} = 1.011\text{RM} - 0.099$ 的 ε_{nk} 散点图与概率图

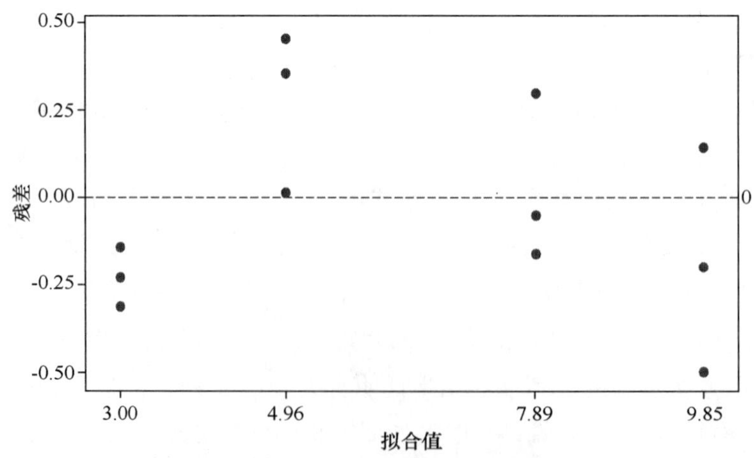

图 4－7　第三次数据集 $y_{n.} = 0.065 + 0.978\text{RM}$ 的 ε_{nk} 散点图与概率图

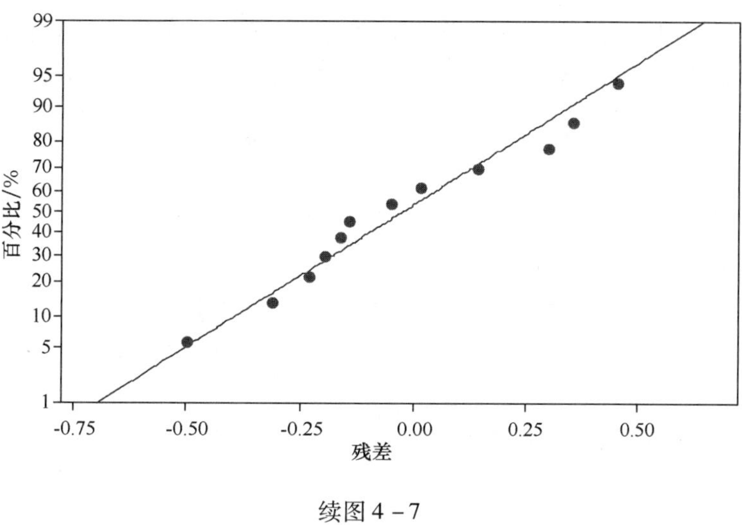

续图 4 - 7

图4 - 6 的散点图和概率图充分显现出较严重趋势，尽管 $y_{n.} = 1.011\text{RM} - 0.099$ 的模型不存在失拟效应，但依然属于失控状态。图 4 - 7 的散点图给出正态性样本的随机分布，概率图也显示出系列残差 ε_{nk} 在直线周围随机发散特征，尽管其 $r = 0.998$ 不如模型 $y_{n.} = 1.011\text{RM} - 0.099$，但确信 $y_{n.} = 0.065 + 0.978\text{RM}$ 是处于统计受控状态。

在实际的分析测量中，更多是通过对样本的稀释或添加来进行模拟，此时的标准差很可能会出现依赖分析物浓度的变异趋势，导致样品结果离散性度量错误。本书通过简单的变量代换转为一元线性回归模型，并根据专业或分析，建议采用倒数转换（见式 4 - 4）：

$$\frac{1}{y} = a + \frac{b}{\text{RM}} \quad 令\ y' = \frac{1}{y}, \text{RM}' = \frac{1}{\text{RM}} \quad 则有\ y' = a + b\text{RM}'$$

此时满足线性可加模型新度量值的坐标变换，使得变换后的数据近似呈正态分布。

表 4 - 3 给出了较详细的数据变换分析。

表 4 - 3　常数模型变换为比例模型的统计汇总与分析

RM	y_{n1}	y_{n2}	y_{n3}	$y_{n.}$	标准差	1/RM	z_{n1}	z_{n2}	z_{n3}	$\sum(z_{nk} - z_{n.})^2$	$\hat{z}_n$	u_{n1}	u_{n2}	u_{n3}
3.0	2.97	2.86	3.09	2.98	0.115	0.333	0.990	0.953	1.030	0.0029	0.990	0.000	-0.037	0.040
5.0	4.98	5.09	4.85	4.98	0.120	0.200	0.996	1.018	0.970	0.0012	0.997	-0.001	0.021	-0.027
8.0	8.11	8.09	7.82	8.01	0.162	0.125	1.014	1.011	0.978	0.0008	1.001	0.013	0.011	-0.023
10.0	10.13	9.81	10.14	10.02	0.188	0.100	1.013	0.981	1.014	0.0007	1.002	0.011	-0.021	0.012
	$t = 8.14$		$z_{n.} = 1.007 - 0.049(\frac{1}{\text{RM}_n})$			WSSP = 0.00562			WSSE = 0.00564, WMSSE = 0.00056					
	$t = 2.99$		则 $\hat{y}_n = 1.007\text{RM}_n - 0.049$			WMSSP = 0.0007			WSSL = 0.00002, WMSSL = 0.00001					

表中的统计分析说明以下几个问题。

①$t = 8.14$ 表明斜率与 0 呈显著性差异，表明两个连续变量之间的关系不宜采用 OLS 的

线性回归方程。经过拟合值下的残差作图分析得知，等残差标准差的假定不成立($p<0.05$)。

然而经数据变换后的检验有 $t=2.99$，则拟合值下的加权残差作图证实，异方差现象消除，有理由接受比例残差模型的假定，则 $z_{n.}=1.007-0.049(\frac{1}{RM_n})$ 的校准成立。

②变换后的 AD 检验有 $A_s^{2*}=0.399$，表明组内残余差已经遵循零平均数的独立性和正态性。

③相关系数不能作为两个变量之间因果关系的判据，正确做法应通过残差的单因素方差分析，根据 F 检验来判断失拟误差和实验误差之间是否存在显著性差异。

④确认所拟合的模型有效，决定对等价的 $\hat{y}_n=1.007RM_n-0.049$ 模型进行监控。

上述两个变量回归的预测区间监控，多是通过 WLS 求得

$$z_{n.}=b-a\left(\frac{1}{RM_n}\right)+u$$

式中，$u\sim N(0,\sigma^2)$，u 相互独立，显著性检验是基于 $\sum u_i^2$ 的极小化。如果说前述的控制图技术适用于单水平的监控，则本章更适用于把诸多的自变量调置在标称值上。这样，自变量属于没有波动的 ARV，a 和 b 又属常数，则各量在统计上呈独立，由此满足经典情况的假设。也可理解为，将 RM 的误差转移到 y 里，即不确定度纳入求 Y_n 的置信限经典情况中去。这种属于经典统计的线性拟合是在下列假设中做出的：

①RM 的 ARV 误差可忽略；

②系列 y_n 的误差归属同一总体、且各误差互相独立；

③误差的总体统计平均为 0。

实验室决定选用基体和水平近似于日常所测样品的 RM 进行测量，并努力确信能最大限度涵盖日常检测中已知或潜在的变异。每天分别对最高水平(10μg/kg)和最低水平(3μg/kg)两个 RM 样品，在 $s_{R'}$ 测量条件下，利用 $\hat{y}_n=1.007RM_n-0.049$，并参照式(4-5)的数据变换，连续给出一周的实际测量结果($n=14$)，详见表 4-4 的统计解析。

表 4-4　$\hat{y}_n=1.007RM_n-0.049$ 测量系统的不确定度评定

时间/天	RM 水平	y_{ni}	RM 拟合	u_{ni}	MR(u_{ni})	$p(s)$	$A_s^{2*}(i)$	p(MR)	$A_{MR}^{2*}(i)$
1	3	3.04	3.07	0.023		0.655	-6.595	0.648	-6.228
	10	9.27	9.25	-0.075	0.097	0.075	-15.624	0.085	-14.853
2	3	2.95	2.98	-0.007	0.067	0.434	-14.438	0.437	-13.986
	10	10.13	10.11	0.011	0.018	0.571	-18.739	0.567	-18.208
3	3	3.23	3.26	0.085	0.075	0.944	-17.750	0.935	-17.470
	10	9.87	9.85	-0.015	0.100	0.378	-18.853	0.383	-18.669
4	3	2.84	2.87	-0.044	0.029	0.196	-21.556	0.208	-21.378
	10	9.96	9.94	-0.006	0.038	0.444	-17.210	0.446	-17.370

续表

时间/天	RM 水平	y_{ni}	RM 拟合	u_{ni}	MR(u_{ni})	$p(s)$	$A_s^{2*}(i)$	p(MR)	$A_{MR}^{2*}(i)$
5	3	3.31	3.34	0.112	0.118	0.982	-18.795	0.977	-19.005
	10	10.24	10.22	0.022	0.090	0.650	-17.743	0.643	-18.099
6	3	2.77	2.80	-0.067	0.089	0.098	-13.645	0.109	-14.167
	10	9.51	9.49	-0.051	0.016	0.161	-13.781	0.173	-14.354
7	3	3.03	3.06	0.019	0.070	0.632	-4.014	0.626	-4.563
	10	10.15	10.13	0.013	0.006	0.585	-2.601	0.581	-3.036

注 1:$p(s)$为 s 式计算的概率值;p(MR)为 MR 式计算的概率值;

注 2:AD $(s)_i$ 为 s 式计算的 $(2i-1)[\ln(p_i)+\ln(1-p_{n+1-i})]$ 统计值;AD (MR)$_i$ 为 MR 式计算的 $(2i-1)[\ln(p_i)+\ln(1-p_{n+1-i})]$ 统计值;

注 3: $A_s^{2*}=0.407$, $A_{MR}^{2*}=0.410$。

在完成 7 天(每天 2 次)的测量期间后,系统经检验表明处于统计受控状态,且较之 $s_{R'}$ 的误差源,偏倚贡献可做忽略。此时根据式(4-6),求得 RM_i^* 的相对标准不确定度,有

$$u=\sqrt{\frac{\sum_{j=1}^{J}(u_{1j}^2+u_{2j}^2)}{2\times 7}}=0.014$$

该评定公式是因系列比例残差值 u_{ni} 呈正态,但考虑到所用两个极端水平样品的偏倚及其变异,则决定利用联合方差的均方根来评定。

在 95% 概率下,以 $s_{R'}$ 测量获得的拟合值 RM_i^* 可视为未知量的估计,其真值的预测区间为: $RM_i^*\pm 0.03RM_i^*$,其中,由附录 A 表 A.3 查得: $t_{0.975}(2\times 7)=2.145$ 。

已知在表 4-3 中给出 MWSSE=0.00056,则: $\hat{s}=0.024$(自由度 $NK-2=10$),由表 A.3 查得: $t_{0.975}(10)=2.228$ 。

另外,根据式(4-5)得知: $\text{UWL/LWL}=\pm\frac{\hat{s}}{b}t_{0.975}(10)=\pm 0.053$,故可建立 $\hat{y}_n=1.007RM_n-0.049$ 模型的后续监控图(见图 4-8)。

图中规定了 95% 概率下的警戒限(±0.053),其中的黑色小圆点预示表 4-4 中 RM 低水平的变换数据;黑色小方点预示 RM 高水平的变换数据。很显然,部分数据点已经超限(尽管有可能会符合方法的性能要求)。

GB/T 18979 要求,黄曲酶毒素总量(B_1、B_2、G_1、G_2)$<20\times 10^{-12}$,玉米 $<5\times 10^{-12}$,花生 $<2\times 10^{-12}$,对于毒性最大的 B_1级尤其应引起注意;而且还建议测试重复精密度 RSD 应小于 10% 。考虑到 $\hat{y}_n=1.007RM_n-0.049$ 拟合好坏直接关系到黄曲酶毒素技术指标确定的准确与否,实验室建议,根据持续改进和不断完善的 QA 和 QC 要求,希望该测量系统今后要努力加强 IQC 的活动,继续实施后续跟踪监控来调整和修正 $\hat{y}_n=1.007RM_n-0.049$ 的模型拟合,以便改进方法性能和控制不确定度数值在合理范围内。

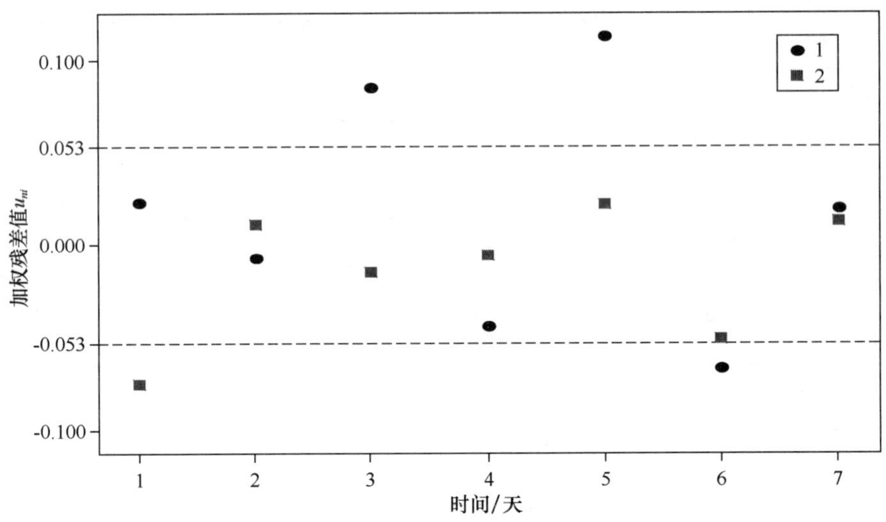

图 4-8 $y_{n.} = 0.065 + 0.978RM$ 模型的 z_{nk} 散点图后续监控

4.2 室间与室内研究

4.2.1 简介

室间与室内研究有助于方法的性能改进。如果实验室能参加并遵循室间研究的规定，则不妨可参照所得的 R 作为自己的不确定度估计。但这种室间研究仅反映了时间上的某点，无法抓住长期测量过程的特征（未涵盖室间研究以外的误差贡献）。而不确定度是对室内某时间段的测量结果来进行评定，因为即便在相同条件下针对同一样本或批次间的测量，每个实验室也不会给出一致的结果，这当然归咎于测量过程中不可避免、且无法控制的随机效应所致，而且还要考虑人员、设备、校准、尤其是环境等其他影响因素。无论怎样说，室间研究与不确定度评定的两个方面是相关联的，因前者会给出一个上限估计，做好室间研究不但避免了方法精密度的误判，也非常有助于 $s_{R'}$ 测量条件下的不确定度评定。

较之其他室间研究，本书推荐 h/k 一致性统计的使用，该统计属于单水平下实施的单因素方差分析，其随机化方案设计更具简捷性、直观性和可操作性等特点。h/k 统计特别关注有效的一致性数据汇集和方案实施，比方说，有多少个实验室参加、选择何种类型的样品、范围内布局几个水平、每个水平提交几次结果等，都直接影响到最终精密度的确定。

本书认为，h/k 统计可以替代通常的离群值检验方法，因后者并非适宜于室间研究。当 h/k发现不一致的数据时，要查找原因，但冒失地剔除数据容易导致方法精密度的误评判。h/k 统计技术还适用于室内研究的方案设计、测量的评价和改进、人员测量能力的确认、以及结果分析处理。

h/k 统计技术已被国内外标准所引用。

4.2.2　h/k 统计的基本要求和计算

h/k 统计采用了两方向分配，表中竖排代表参加实验室，横排代表所用样品水平，每个竖排与横排交叉的单元格含有某实验室提交的特定样品测量结果。凡是实施日常检测的人员都应积极参加室内质量评价，要求熟悉所使用的检测方法、提交可信的测量结果，以给出室内测量分析的总体分布合理性。

所用的样品类型和样品数目可考虑如下：

水平范围；

精密度依赖于水平关系；

方法应用；

获取、处理和分发样品的难度和费用；

所需时间和困难；

实施经费；商业或法律需求；以及先验信息的不确定度等。

本书有如下建议：

至少使用 3 个水平的样品；

若方法应用范围较宽时，需 6 个或更多样品；

如果精密度为常数或呈比例时，所需样品数要少；

如果不同样品给出不同精密度时，应考虑分别对待；

确保每个分发样品的代表性和随机性；

通常，每个实验室提交 3 个或 4 个独立结果，若很少出现异常结果时，可提交 2 个；

希望参加实验室和水平样品数越大越好。

式(4－7)和式(4－8)分别为 h 和 k 的一致性统计公式：

$$h = \frac{d_i}{s_{\bar{x}}} \tag{4-7}$$

式中：h——水平下某参加实验室与水平总体之差的度量；

d_i ——水平下每个参加实验室的单元差 $\bar{x} - \bar{\bar{x}}$，其中，$\bar{\bar{x}}$ 为水平均值；

$s_{\bar{x}}$ ——系列 $\bar{x}$ 的标准差。

$$k = \frac{s_i}{s_r} \tag{4-8}$$

式中：k——水平下某参加实验室单元变异与水平总体的比较度量；

s_r ——重复性标准差，$s_r = \sqrt{\frac{\sum s_i^2}{p_i}}$，其中，$p_i$ 为参加实验室数，s_i 为单元标准差。

在相应的置信概率下，若所计算的 h 与 k 不超出附录 A 表 A.5 的临界值，即接受数据一致性的假设。

4.2.3 案例分析(石油产品硫含量的测定)

由6个参加实验室实施了GB/T 380—1977《石油产品硫含量测定法(燃灯法)》3个不同样品(S)的硫含量测定(大致水平分别在0.1%、0.5%和1.0%),每个参加实验室在$s_{R'}$测量条件和每个水平下提交3个独立测量结果。全部汇总后的数据变异基本上符合方法规定的精密度要求。详见表4-5。

表4-5 石油产品硫含量测定的ILC研究

S含量/%	p_i	x_1	x_2	x_3	$\bar{x}$	s_i	h	k	水平统计	AD_i
A (0.1)	1	0.11	0.13	0.11	0.1167	0.0115	-0.60	1.31		-7.405
	2	0.13	0.14	0.14	0.1367	0.0058	0.75	0.65		-14.606
	3	0.12	0.14	0.13	0.1300	0.0100	0.30	1.13	$\bar{\bar{x}}=0.1256$	-17.997
	4	0.10	0.10	0.10	0.1000	0.0000	-1.72	0.00	$s_{\bar{x}}=0.015$	-23.396
	5	0.15	0.14	0.13	0.1400	0.0100	0.97	1.13	$s_r=0.009(0.007)$	-25.975
	6	0.12	0.13	0.14	0.1300	0.0100	0.30	1.13	$s_R=0.017(0.014)$	-25.517
B (0.5)	1	0.47	0.47	0.46	0.4667	0.0058	-0.68	0.58		-28.657
	2	0.47	0.48	0.46	0.4700	0.0100	-0.51	1.00		-24.972
	3	0.50	0.51	0.49	0.5000	0.0100	1.02	1.00	$\bar{\bar{x}}=0.4800$	-25.315
	4	0.44	0.46	0.47	0.4567	0.0153	-1.19	1.53	$s_{\bar{x}}=0.020$	-24.971
	5	0.49	0.48	0.47	0.4800	0.0100	0.00	1.00	$s_r=0.010(0.011)$	-24.543
	6	0.51	0.51	0.50	0.5067	0.0058	1.36	0.58	$s_R=0.021(0.025)$	-18.824
C (1.0)	1	0.98	0.99	0.97	0.9800	0.0100	-0.19	1.22		-19.351
	2	0.93	0.94	0.95	0.9400	0.0100	-0.80	1.22		-14.668
	3	0.99	0.98	0.99	0.9867	0.0058	-0.09	0.71	$\bar{\bar{x}}=0.9922$	-12.500
	4	1.13	1.11	1.12	1.1200	0.0100	1.97	1.22	$s_{\bar{x}}=0.065$	-11.421
	5	0.98	0.97	0.97	0.9733	0.0058	-0.29	0.71	$s_r=0.008(0.018)$	-6.148
	6	0.96	0.95	0.95	0.9533	0.0058	-0.60	0.71	$s_R=0.068(0.036)$	-1.835

注1:表A.6的临界值有:95%概率($h=1.66$,$k=1.64$);99%概率($h=1.87$,$k=1.90$);

注2:AD_i表示为$(2i-1)[\ln(p_i)+\ln(1-p_{n+1-i})]$,计算有$A_s^{2*}=0.239$。

表中的h/k一致性统计为t和F的单因素分析,其临界值计算如下:

$$h=\frac{(p-1)t}{\sqrt{p(t^2+p-2)}}$$

式中,t为置信水平下自由度$p-2$的双侧检验;

$$k=\sqrt{\frac{p}{1+\frac{p-1}{F}}}$$

式中，F 自由度为 $n-1$ 和 $(p-1)(n-1)$，其中 n 为观察次数。

h 值视为 $\mu=0$、$\sigma=1$ 的 z 函数标准含量，该值可衡量 $\bar{x}$ 的一致性程度，若发现其中的系统效应未排除，则会对 μ 和 σ 带来影响。由于属于假设检验，根据小概率事件是否发生来判断接受或拒绝 H_0 时，可慎重选择 α 的设定。本书将 α 控制在 0.05 或 0.01 就是基于这种考虑（见附录 A 表 A.6）。

表中的 h 统计值给出了数据正态分布的特征：所有参加实验室样品水平下既有正值还有负值，且大致相等。k 一致性分析是由 t 检验发展而来的，其要考查水平重复观察的控制程度，比如，$k>1$，可能存在问题；k 值过低（例如，在 0.1% 水平下第 4 实验室的 $k=0$），又标志其观察数据的灵敏度和分辨力不足。希望两种统计量应同时观察以便进行全面分析。

从表中的 h/k 统计计算来看，绝大部分实验室（除了第 4 实验室）的统计值均处于 95% 概率下的临界范围内；而且，前两个样品水平（A 和 B）下的 s_r 和 s_R 比较接近，说明水平内 3 次观察和水平间 9 个参加实验室的取值大致合理，整个数据的变异性较好。但在最后 1 个样品水平（C）下，由于第 4 实验室的贡献导致该水平的 s_r 和 s_R 两者相差甚大。进一步分析有，该实验室不但在 k 值上与其他实验室的变异不同，而且在 0.1% 水平和 1.0% 水平下的 h 值分别超出 95% 和 99% 的临界。

应该将 h/k 两者配合考查，就容易反映出影响特性的变化情况。正如前面所述，h 值和 k 值都不大的观察，有可能比 $h(k)$ 为零而 $k(h)$ 大的观测更可靠（比方说，0.1% 水平下的第 4 实验室和 0.5% 水平下的第 5 实验室）。因为并不总有机会进行大量多次的测定，应力求每一单次观察都相当可靠，以保证 k 值的一致性。所以，有必要做进一步的技术调查。

根据表 4－5 给出的信息，分别绘制 95% 概率下的图 4－9 和图 4－10 来做针对性分析。图 4－9 是针对每个参加实验室的室内 3 个水平样品 h/k 数据分析；图 4－10 是针对每个水平样品下各参加实验室的 h/k 数据分析。

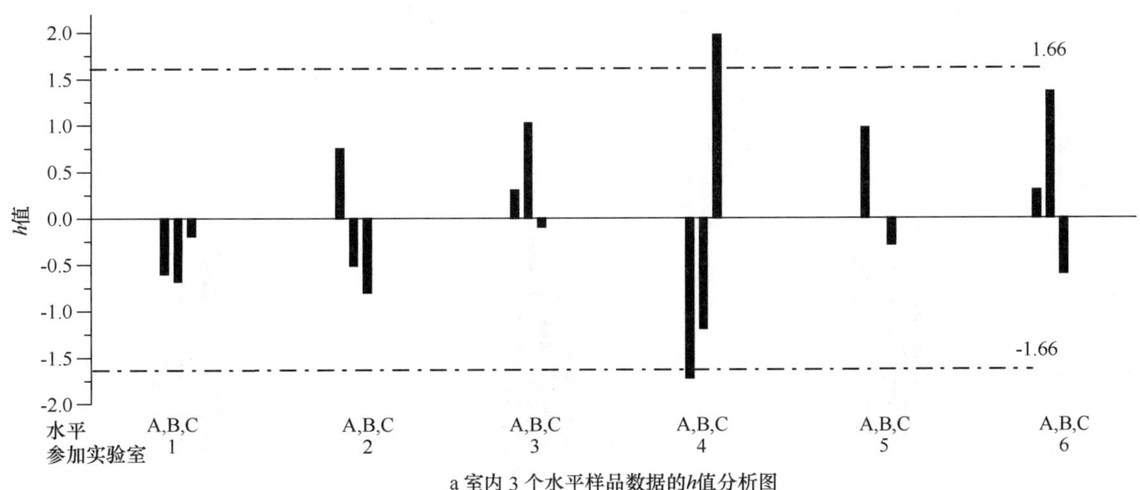

a 室内 3 个水平样品数据的h值分析图

图 4－9　参加实验室内的水平样品结果 h/k 一致性分析

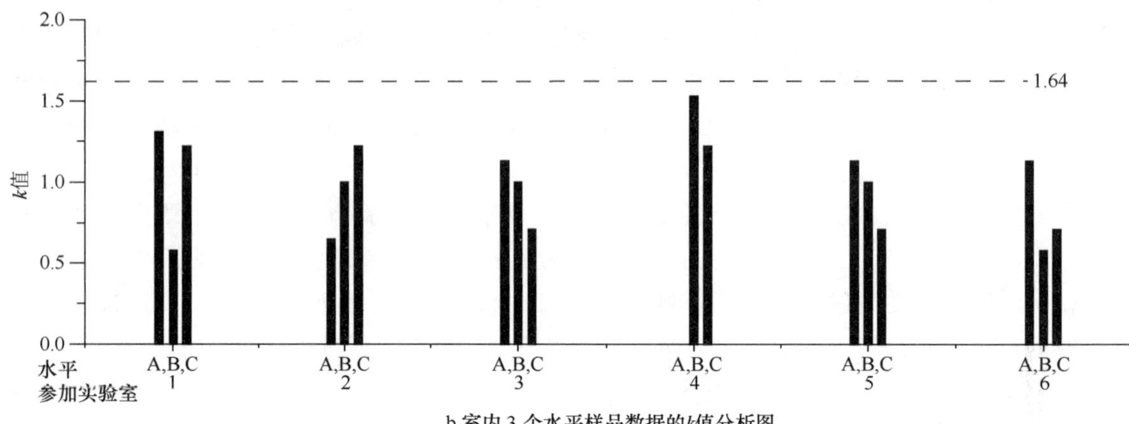

b 室内 3 个水平样品数据的k值分析图

续图 4－9

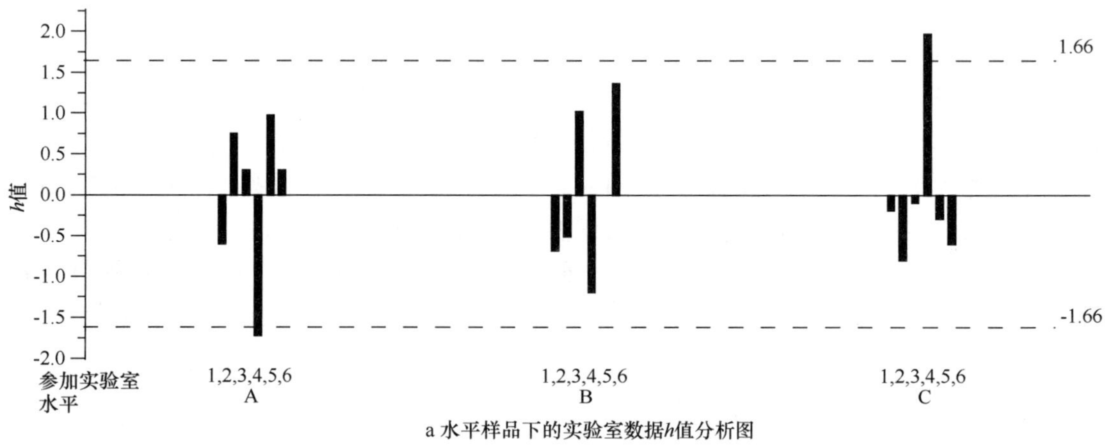

a 水平样品下的实验室数据h值分析图

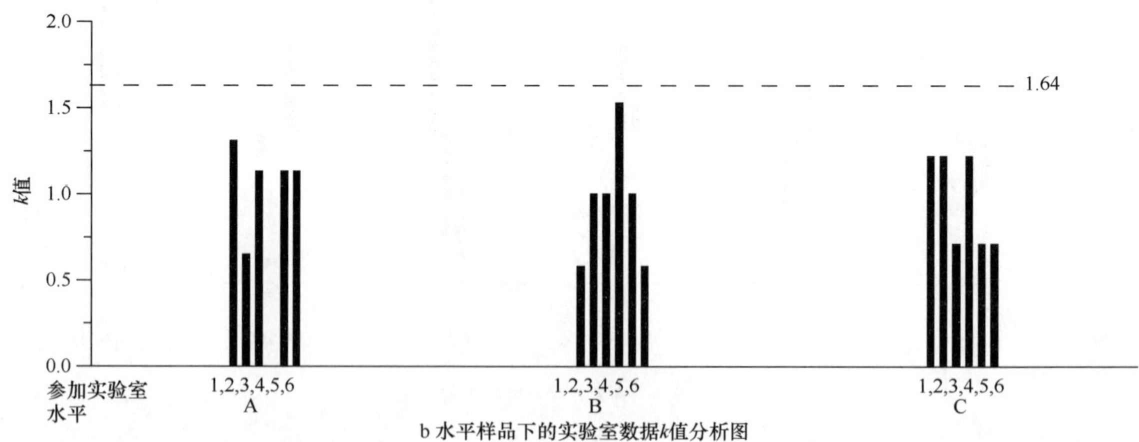

b 水平样品下的实验室数据k值分析图

图 4－10　不同水平下参加实验室的样品结果 h/k 一致性分析

以上作图均反映出参加实验室间变异的合理性,没有发现在低水平下显示同一种趋势,而在高水平下却显示另一种趋势;也没有发现某实验室的 h 值全部为正(或负),而其他所有参加实验室的 h 值全部为负(或正)现象。然而,第 4 实验室的结果却有所不同,尤其是在 A 样品和 C 样品上表现的突出(但在 B 样品上却未发现问题)。调查后发现,该实验室在 A 样品上的 3 个结果都是 0.10($k=0$),而在 C 样品上的 3 个结果虽然处于允差范围内,但与总体趋势比较明显属于偏离效应,导致该水平下的 $s_L = s_R = 0.065$,且在 3 个水平下测量的 k 值变异都存在问题。

随后征询了第 4 实验室的意见,后者认为是严格地遵循规范来进行操作。如果调查表明不存在誊抄、采样或程序方面的失误,建议保留异常数据,据此精密度统计量予以接受。考虑到参加实验室和所用样品有限,在调查中尚未找到异常单元值的真正原因情况下,建议该实验室重新提交结果,不妨再次对数据的 h 值和 k 值进行一致性检查。如果在调查中找到了可识别的异常原因,可支持数据的剔除。

另外,在 B 样品上的第 5 实验室有 $h=0$,未必属于理想状态,应参考前面描述的原则,即 h 值和 k 值都不大的观察,有可能比 $h(k)$ 为零而 $k(h)$ 大的观测更可靠。

4.3　偏倚修正函数

4.3.1　背景简介

"偏倚受控"中零假设是建立在先验信息上,其对应是替代的备择假设。因统计推断使用的概率基于正态分布的假设得出,否则零假设得不到满足。然而,当总体特征无法得知时,只能依靠小样本数据来对标准误进行估计,此时要用到 t 分布和 F 分布检验。该章讨论的是多水平研究,关注于非确定性的函数关系,这种函数关系的现象在实际中大量存在,且存在某种相互联系和制约的依存关系。比方说,非标系统(X 法)和标准系统(Y 法)两者间的随机变量是否存在一种线性回归关系,一是需要基于有关专业知识提供理论基础,二是必须进行样本的回归关系统计分析。若这种概率 $p<0.05$ 时,才能冒较小的风险确认其所属总体存在着线性的回归关系;反之,则认为该样本所属总体无线性回归关系。换言之,虽然无法由某变量的确定值求得另一个变量的确定值,但在实际工作中,这些非确定性的关系都具有一定的统计规律性,这就是相关关系和函数关系具有的联系性,也就是说,测量过程中所产生的误差,其函数关系通过相关关系来体现,变量间相关关系非常密切时,又呈现出某种函数关系趋势。

不要求过分做高阶的线性拟合,大部分情况下,只要能控制在 $y=a+x$ 和 $y=a+bx$ 的两个函数式中进行选择,找到最接近的函数关系式,就可以达到预期用途。当获得 Y 法的观测数据时,需要考虑所选方法的结果预测问题,然后,根据变量间的线性函数关系 $f(x)$,去判断那些影响质量因素的变异区间。为了考察两变量间的线性相关分析,要求自变量 Y 和因变量 X 都为随机变量,还要考察各次观察值的独立性假设。两个变量之间是否非呈曲线趋势,需要做残差散点图。

本书规定了无需偏倚修正的“原假设”统计前提，若需修正宜遵循“简捷原则”，这种原则确立了方法对称性的等同偏倚修正，是通过 F（备择假设的单侧检验）或 t 的显著性检验来完成。考虑到所研究参数具有的变异性，残差变量间的关系是否呈线性，需要用加权迭代来进行合适的数学变换和修匀逼近，然后采用方差分析，计算总离差平方和、由回归所能解释的回归平方和、以及回归无法解释的残差平方和，然后构成 F 统计量，进而推断出所求的回归函数式是否显著。

本书要求必须对样品基质的交互效应进行稳健性判断，否则会影响偏倚修正式后续使用的一致性程度，寄希望于方法间的所有差异能归属于处理过程中的测量误差。通常方法间存在一种强关联，但这种关联并不等于因果关系，而是由于某些隐藏的其他混杂影响因素所致，尤其是当产生类似基质效应因素的相互作用时，很难将其排除掉，因为这种效应的出现极易导致方法间线性拟合试验的失败。本书是借用了 AD 统计技术来做相应的处理。

4.3.2 CSS 检验与讨论

4.3.2.1 TSS 的计算

可利用 TSS 的计算来检查样本间的变异，见式（4－9）：

$$F_X = \frac{\mathrm{TSS}_X}{S-1} \text{ 和 } F_Y = \frac{\mathrm{TSS}_Y}{S-1} \tag{4-9}$$

式中：TSS_X，TSS_Y——分别为 X 法和 Y 法的的总平方和，有 $\sum_i \left(\frac{X_i - \bar{X}}{s_X}\right)^2$，其中加权平均值为

$$\bar{X} = \frac{\sum_i \left(\frac{X_i}{s_X^2}\right)}{\sum_i \left(\frac{1}{s_X^2}\right)}$$；以及有 $\sum_i \left(\frac{Y_i - \bar{Y}}{s_Y}\right)^2$，其中加权平均值为

$$\bar{Y} = \frac{\sum_i \left(\frac{Y_i}{s_Y^2}\right)}{\sum_i \left(\frac{1}{s_Y^2}\right)}$$

S——样品数。

s_X，s_Y——分别为 X 法和 Y 法的期间精密度标准差。

利用前述的 AD 统计和控制图技术，分别求得低水平和高水平 QC 基体样品的 s_X 和 s_Y。若 F 计算值大于表 A.4 中 F 分布的 95% 分位数，表明共用 QC 样品间的变异足够大，否则，停止往下进行。

4.3.2.2 CSS 的计算

CSS 称为近似度平方和，属于偏倚修正后两个测试方法结果间一致性程度的统计量。CSS 的偏倚修正分级有 CSS_0（无偏修正）、CSS_{1a}（常数修正）、CSS_{1b}（比例修正）和 CSS_2（线性修正），计算公式分别如下。

$$CSS_0 = \sum_i w_i (X_i - Y_i)^2 \tag{4-10}$$

式中：w_i ——第 i 个加权值，$w_i = \frac{1}{s_Y^2 + s_X^2}$；

X_i, Y_i ——分别为 X 法和 Y 法的第 i 个结果。

$$CSS_{1a} = \sum_i w_i [Y_i - (X_i + a)]^2 \tag{4-11}$$

式中：a——常数，为截距；$a = \bar{Y} - \bar{X}$；$\bar{Y} = \frac{\sum_i w_i Y_i}{\sum_i w_i}$；$\bar{X} = \frac{\sum_i w_i X_i}{\sum_i w_i}$。

假定零特性值具有物理意义、且建议（最大 Y_i）/（（最小 Y_i）≥2 时，有：

$$CSS_{1b} = \sum_i w_i (Y_i - bX_i)^2 \tag{4-12}$$

式中：w_i ——第 i 个加权值，$w_i = \frac{1}{s_Y^2 + b^2 s_X^2}$，其中在迭代过程中，$b_0 = \frac{\sum w_i X_i Y_i}{\sum w_i X_i^2 - \sum w_i^2 s_X^2 (Y_i - bX_i)^2}$，

其迭代为设定 $b = 1$。若 $|b - b_0| > 0.001b$，用 b_0 替代 b，继续计算 w_i，否则停止迭代。

$$CSS_2 = \sum_i w_i (y_i - bx_i)^2 \tag{4-13}$$

式中：w_i ——第 i 个加权值，$w_i = \frac{1}{s_Y^2 + b^2 s_X^2}$；

b——斜率，其迭代为设定 $b = 1$。若 $|b - b_0| > 0.001b$，用 b_0 替代 b，重新计算 w_i、$\bar{X}$ 和 $\bar{Y}$、x_i 和 y_i、以及 b_0，否则停止迭代。其中，$\bar{X}$ 和 $\bar{Y}$ 的计算、以及 x_i 和 y_i 的计算，分别有 $\bar{X} = \frac{\sum_i w_i X_i}{\sum_i w_i}$，$\bar{Y} = \frac{\sum_i w_i Y_i}{\sum_i w_i}$，$x_i = X_i - \bar{X}$，$y_i = Y_i - \bar{Y}$。

方法间一致性逼近的残差加权回归 $\sum_i \frac{[Y_i - f(X_i)]^2}{s_{Yi}^2}$，只能依靠 CSS 的定量，这种定量是基于校准函数 $f(X)$ 与样本均值的比较，来预测估计另一个方法的特性。

鉴于 Y 法和 X 法都存在分析误差，故建议使用 WLS 在两者之间建立一个函数关系，这种模型的变换有如下特点：

数据类型的变换来自于日常经验或实验分布估计，需注意实验误差相互独立，并以公共方差作正态分布的推断；

各处理内的变异性应通过随机化来消除误差间存在的关联性；

变换后的数据应近似正态分布。

本研究所用的权取决于样本数据的变异，即有

$$w_i = \frac{1}{s_{Yi}^2 + s_{Xi}^2}$$

至于加权迭代的计算，应考虑到由此剔除所有归属于 X 的效应（b 的调整量）。两个变量

之间是否非呈曲线趋势，需通过加权迭代来进行数学变换和线性修匀逼近，后续还要对系列残差进行随机性检查。

4.3.2.3 CSS 关系式的选择

CSS 关系式的检验与选择见式(4－14)～式(4－17)：

$$F=\frac{(TSS_X+TSS_Y-CSS_2)/S}{CSS_2/(S-2)} \tag{4-14}$$

比较 F 计算值与附录 A 表 A.4 的分位数。若 F 计算值小，表明无法建立 Y 法中 Y 的预测关系，停止往下进行；否则可以使用 X 法的结果来预测 Y 法的 Y 。

$$F=\frac{(CSS_0-CSS_2)/2}{CSS_2/(S-2)} \tag{4-15}$$

比较 F 计算值与表 A.4 的分位数。若 F 计算值小，可使用 CSS_0。若 F 计算值大，表明 CSS 偏倚修正能改进两个方法间的预期一致性。

$$t_1=\sqrt{\frac{CSS_0-CSS_1}{CSS_2/(S-2)}} \tag{4-16}$$

$$t_2=\sqrt{\frac{CSS_1-CSS_2}{CSS_2/(S-2)}} \tag{4-17}$$

式中：CSS_1——CSS_{1a}和 CSS_{1b}的较小者。

比较 t 计算值与表 A.3 的分位数。若 t_2计算值大，选择 CSS_2；若 t_2计算值小，计算 t_1；若 t_1计算值大，选择 CSS_1；若 t_1计算值小，选择 CSS_2。

本研究给出两个 t 检验判据，在该检验判据的 t 分布中，要求差数为正态分布且原假设与 t 分布相一致的真实情况，所要检验的原假设是差数的总体平均数为零（备择假设为该平均数不能为零）。如果 t_2不能合理地归因于随机和原假设所致，则认为 $\bar{d}$ 值过大导致 $CSS_2\neq 0$（需选择 CSS_2）。若 t_2接受原假设，还要比较 CSS_1。同理，如果 t_1拒绝原假设选择 CSS_1，只有接受原假设时，方能采用 CSS_2进行偏倚修正。

4.3.2.4 所选 CSS 的正态性检验

所选 CSS 值与表 A.7 的χ^2 分布(99%)分位数进行比较，其中，CSS_0 的自由度为 N；CSS_{1a}和 CSS_{1b}的自由度为 $N-1$；CSS_2 的自由度为 $N-2$。若 CSS 值小，基于所选 CSS，通过 X_i 预测 $\hat{Y}_i$，按式(4－18)来计算系列加权残差值(ε_i)，并对其进行 AD 统计。

$$\varepsilon_i=\sqrt{w_i}(Y_i-\hat{Y}_i) \tag{4-18}$$

由于某些基质效应的相互作用会直接影响偏倚修正的一致性程度。由此，本研究要求必须对这种效应进行 AD 统计的稳健性判断。

本研究对于两个变量的残差变换是采用平方根，当残差很小尤其为零值时，该变换可权衡较小与较大数据的变换范围。

4.3.2.5 不确定度评定

如果 ε_i 系列结果的 $A_s^{2^*}$ 和 $A_{MR}^{2^*}$ 均小于 0.752(95% 概率)或 1.032(99% 概率)，此解释为没有足够证据来拒绝系统的正态性和独立性原假设，即可根据所选的 CSS，利用式(4－19)来建立 $U_{X\hat{Y}}$：

$$U_{X\hat{Y}} = \sqrt{2(s_Y^2 + b^2 s_X^2)} \tag{4-19}$$

式中：$U_{X\hat{Y}}$——X 法和 Y 法的共用扩展不确定度；

$\hat{Y}$——X 法的偏倚修正结果，在对同一样品进行测量时，95% 概率下区间 $\hat{Y} \pm R_{X\hat{Y}}$ 涵盖 Y 法的结果；

b——偏倚修正系数，其中 CSS_0 和 CSS_1 的 $b = 1$。

只有当两个方法之间不存在统计可测的样品偏倚时，$U_{X\hat{Y}}$ 才有意义。

如果与附录 A 表 A.7 的χ^2 分布(99%)分位数进行比较后，所计算的 CSS 值大，则需要对其所选 CSS 的 ε_i 进行 AD 统计。若接受 AD 统计的原假设，则认为其中的样品偏倚可作为随机效应处理，但此时求得的 $U_{X\hat{Y}}$ 估计要比式(4-19)大。本研究不推荐这种情况下的不确定度评定。

表 4-6 给出了 CSS 拟合的评价结论。图 4-11 给出了不确定度评定的流程图。

表 4-6　CSS 拟合的评价结论

两种方法足以辨别 QC 样品间的差异？	两种方法之间呈显著相关？	偏倚修正能否改进方法间的一致性？	存在样品偏倚？	若存在偏倚，可否处理为随机效应？	若不存在偏倚，残差随机发散？	评价结果
可辨别	相关	不能	不存在	—	发散	合格
可辨别	相关	不能	不存在	—	非发散	不合格
可辨别	相关	不能	存在	可以	—	合格
可辨别	相关	不能	存在	不可以	—	不合格
可辨别	相关	能	不存在	—	发散	合格
可辨别	相关	能	不存在	—	非发散	不合格
可辨别	相关	能	存在	可以	—	合格
可辨别	相关	能	存在	不可以	—	不合格
可辨别	不相关	—	—	—	—	不合格
无法辨别	—	—	—	—	—	不合格

4.3.3　案例分析(环境空气质量细颗类物 PM2.5 的测定)

近年来，产生一种影响城市和区域的灰霾天气，这种空气污染表明首要污染物是细颗类物(PM2.5)，对人体健康危害很大。有鉴于此，《国家环境保护"十二五"规划》指出，"深化颗粒物污染控制，在重点地区实施 PM2.5 检测"，并出台了 GB 3095—2012《环境空气质量标准》，增设了 PM2.5 浓度限值。

北方地区某监测站根据一段时间的天气监控，发现 PM2.5 所覆盖的范围在 10 ~ 120μg/m^3 之间，故决定利用 PM2.5 监测仪(赛默飞世尔 - Sharp5030)，通过 β 射线和动态加热系统联用光散射混合测量方法(量程：0 ~ 1000μg/m^3，检出限：0.5μg/m^3)，对所在地区的 PM2.5 进行跟踪监控。

该监测站利用 PM2.5 的空气自动采集系统(空气流速为 16.7L/min，相当于对 1m^3/h 的大气进行采样)的两个切割头，将空气中的颗粒物采集进来。自过滤层滤掉大于 2.5μm 和小

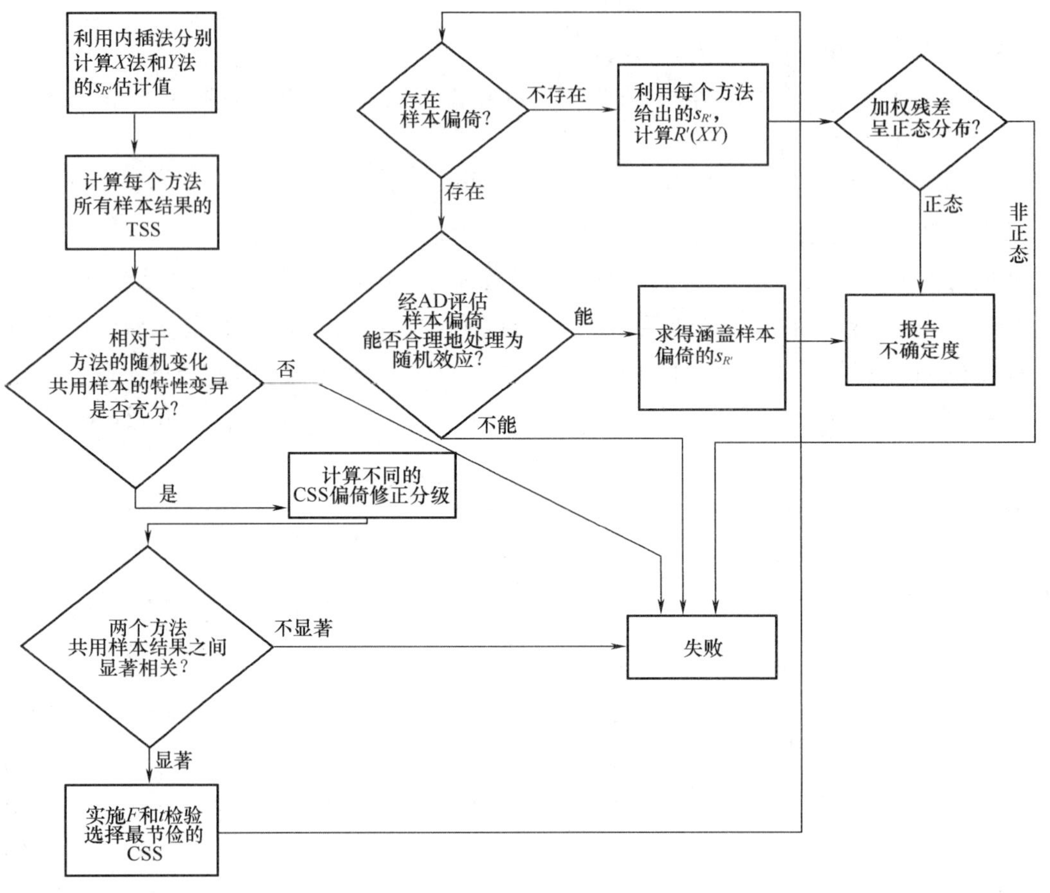

图 4－11　不确定度评定的流程图

于 10μm 的颗粒物，留下直径小于 2.5μm 的颗粒物。分析样本从采集系统通过管道进入测尘仪内部，附着在滤纸上再次进行过滤，经 β 射线原理对样本进行分析，并实施更新 PM2.5 的监测数据。

PM2.5 监测仪是一种基于 HJ/T 193—2005《环境空气质量自动监测技术规范》的实时连续自动监测系统，其 PM2.5 浓度计算为：

$$\rho = \frac{W_2 - W_1}{V} \times 1000$$

式中：ρ ——PM2.5 浓度，μg/m^3；

W_1 和 W_2——采样前后的滤膜质量，g；

V——标准状态下的采样体积，m^3。

该监测站每年至少 1 次向国家有关部门呈送皂膜流量计（BIOS－Defender 530－H）和高精秒表，进行质量检验和流量传递，然后每月利用流量计对采样器进行以下现场流量校准：

（1）解锁仪器键盘，进入流量校准模式。摘掉采样管顶端颗粒物切割器，接入流量计。在流量计读数基本稳定后记录 10 次测量值；

(2)若 10 次测量平均值与仪器显示的偏差小于 ±5%，流量无需调整，在校准模式中输入平均值；

(3)保存结果、退出校准模式、进入正常测量模式。取下流量计，颗粒物切割器装回，校准结束。

表 4-7 的数据集($n=10$)来自于季度内具有代表性的流量校准测量数据，且参数符合 HJ/T 193 的要求。

表 4-7　流量校准的代表性测量数据　　单位：L/min

n	实测值	n	实测值	平均值	s_{rel}	ARV	b_{rel}
1	995	6	1005				
2	983	7	998				
3	971	8	1019	991.1	1.8%	1000	0.9%
4	1013	9	982				
5	976	10	969				

注：ARV = 1000 为流量设定值

因属北方地区，冬季供暖导致污染频繁，则空气质量最差。每天凌晨是一天 PM2.5 指数最高的时段，因为此时的地面温度低而高空温度高，这种逆温现象不利于污染物的扩散。上下班高峰时期机动车排放而导致 PM2.5 指数相应上升。但大雨或风力(非和风细雨)对空气中颗粒物冲刷效果又会使得空气质量明显改善，PM2.5 趋向偏低。

该监测站根据 PM2.5 的分布规律，分别利用：HJ 618—2011《环境空气 PM10 和 PM2.5 的测定　重量法》，简称手工法(Y 法)；HJ 653—2013《环境空气颗粒物(PM10 和 PM2.5)连续自动监测系统技术要求及检测方法》，简称自动监测法(X 法)。在 $s_{R'}$ 测量条件下，实施了一个季度同时段的随机采样和独立分析，详见表 4-8 和图 4-12。

表 4-8　Y 法与 X 法的 CSS_{1a} 和 CSS_{1b} 的统计汇总

序号	实测值		拟合值	残差	AD 统计值		$s_{R'}$		无偏修正 CSS_0		常数修正 CSS_{1a}		
	Y_i	X_i	$\hat{Y}$	ε_i	p_i	AD_i	s_Y	s_X	w_i	CSS_i	wY	wX	CSS_i
1	15	14	15.6	-0.62	0.425	-5.75	3.72	3.39	0.039	0.04	0.59	0.55	0.06
2	26	25	26.1	-0.12	0.464	-14.01	3.98	3.64	0.034	0.03	0.89	0.86	0.05
3	41	43	43.3	-2.30	0.486	-17.95	4.33	4.05	0.028	0.11	1.17	1.22	0.09
4	55	58	57.6	-2.61	0.508	-23.51	4.66	4.39	0.024	0.22	1.34	1.41	0.18
5	66	63	62.4	3.62	0.242	-20.32	4.92	4.50	0.022	0.20	1.48	1.41	0.24
6	71	75	73.8	-2.84	0.836	-23.31	5.04	4.78	0.021	0.33	1.47	1.55	0.29
7	74	78	76.7	-2.70	0.212	-26.57	5.11	4.85	0.020	0.32	1.49	1.57	0.28
8	76	80	78.6	-2.61	0.865	-21.13	5.16	4.89	0.020	0.32	1.50	1.58	0.28
9	85	81	79.6	5.44	0.193	-17.77	5.37	4.91	0.019	0.30	1.60	1.53	0.34

续表

序号	实测值		拟合值	残差	AD 统计值		$s_{R'}$		无偏修正 CSS_0		常数修正 CSS_{1a}		
	Y_i	X_i	$\hat{Y}$	ε_i	p_i	AD_i	s_Y	s_X	w_i	CSS_i	wY	wX	CSS_i
10	98	93	91.0	6.98	0.205	-18.77	5.68	5.19	0.017	0.42	1.66	1.57	0.47
11	102	107	104.4	-2.38	0.213	-19.24	5.77	5.50	0.016	0.39	1.60	1.68	0.35
12	113	119	115.8	-2.83	0.952	-9.61	6.03	5.78	0.014	0.52	1.62	1.71	0.47
13	57	54	53.8	3.21	0.984	-9.34	4.71	4.30	0.025	0.22	1.40	1.33	0.26
14	22	21	22.3	-0.30	0.234	-7.14	3.88	3.55	0.036	0.04	0.79	0.76	0.06
15	30	29	29.9	0.07	0.193	-6.70	4.07	3.73	0.033	0.03	0.98	0.95	0.05
Σ									0.37	3.50	19.60	19.70	3.48

注1：Y 法和 X 法的 OLS 模型有 $Y = 2.255 + 0.954X$，其拟合值有 $\hat{Y}$；

注2：因式(4-9)的 F 统计量足够大，表明完全可以辨别样品间的差异；

注3：所有水平下的 s_Y 和 s_X 变异，均出自内插计算，其基于系统处于统计受控下最低水平 10 的变异：$s_Y = 3.6$，$s_X = 3.3$、以及最高水平 120 的变异：$s_Y = 6.2$，$s_X = 5.8$、6.7，$s_X = 6.2$；

注4：无偏修正和常数修正的 CSS 函数式分别见式(4-10)和式(4-11)，其中 w 为所拟合的权值。

注5：Y 的加权平均为 53.11，X 的加权平均为 53.36，故有 $a = -0.25$；

注6：因 PM2.5 = 0 没有意义，故不考虑比例常数式(4-12)的模型拟合；

注7：AD_i 为 AD 的单项，$AD_i = (2i-1)[\ln(p_i) + \ln(1-p_{n+1-i})]$，最终计算有 $A_s^{2*} = 1.139$

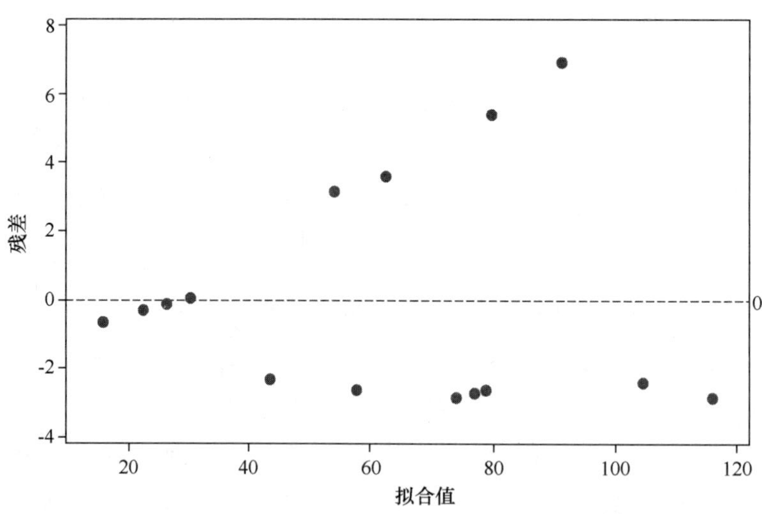

图 4-12　$Y = 2.255 + 0.954X$ 模型拟合水平下的残差散点分布图

表图中给出的信息足以证明，$Y = 2.255 + 0.954X$ 的模型建立是不正确的。尽管表中的设计遵循了随机化原则，即将不同水平样本对的处理随机配置，以避免实验误差的错评而导致均值间处理的不一致。同样也得知，无需识别过程输出的随机变异源，但建模的前提要符合完美条件。另外，Y 法和 X 法来自不同的测量原理和技术，但并不妨碍寻找两者间的相似性，而且，显著相关并非意味测量原理的高度近似，也不预示后续测量会达到一致性。

本案例继续利用式(4-13)来对 CSS_2 进行拟合检验，详见表 4-9。

表 4-9　Y 法与 X 法的 CSS_2 的统计汇总

序号	偏离计算		b 的第一次迭代			b 的第二次迭代				加权平均确认		分项	AD 统计检验		
	y	x	wyx	wx^2	$[ws(x)(y-bx)]^2$	w	wyx	wx^2	$[ws(x)(y-bx)]^2$	wY	wX	CSS_i	ε_i	p_i	AD_i
1	-38.1	-39.4	59.2	61.2	0.028	0.041	61.2	63.3	0.001	0.61	0.57	0.002	-0.043	0.462	-5.326
2	-27.1	-28.4	26.4	27.7	0.025	0.036	27.3	28.6	0.001	0.92	0.89	0.001	0.036	0.531	-13.654
3	-12.1	-10.4	3.6	3.1	0.040	0.029	3.7	3.2	0.064	1.21	1.26	0.134	-0.360	0.215	-19.019
4	1.9	4.6	0.2	0.5	0.086	0.025	0.2	0.5	0.081	1.39	1.46	0.167	-0.402	0.189	-25.778
5	12.9	9.6	2.8	2.1	0.108	0.023	2.9	2.2	0.142	1.53	1.46	0.303	0.542	0.882	-21.853
6	17.9	21.6	8.0	9.7	0.138	0.021	8.3	10.0	0.092	1.52	1.61	0.185	-0.423	0.176	-25.249
7	20.9	24.6	10.4	12.2	0.134	0.021	10.7	12.7	0.083	1.54	1.63	0.167	-0.401	0.189	-28.586
8	22.9	26.6	12.1	14.0	0.131	0.020	12.5	14.5	0.077	1.56	1.64	0.155	-0.387	0.198	-20.882
9	31.9	27.6	16.6	14.4	0.155	0.020	17.2	14.9	0.255	1.66	1.58	0.545	0.726	0.944	-15.881
10	44.9	39.6	30.1	26.6	0.212	0.017	31.1	27.5	0.369	1.71	1.63	0.792	0.876	0.972	-16.621
11	48.9	53.6	41.2	45.2	0.169	0.016	42.7	46.8	0.062	1.66	1.74	0.123	-0.344	0.225	-17.036
12	59.9	65.6	56.3	61.7	0.226	0.015	58.3	63.9	0.082	1.68	1.77	0.161	-0.394	0.193	-8.146
13	3.9	0.6	0.1	0.0	0.118	0.025	0.1	0.0	0.128	1.45	1.37	0.273	0.514	0.870	-8.375
14	-31.1	-32.4	36.4	37.8	0.026	0.037	37.6	39.1	0.000	0.82	0.78	0.000	0.009	0.507	-7.203
15	-23.1	-24.4	18.5	19.5	0.023	0.034	19.1	20.1	0.002	1.02	0.98	0.004	0.062	0.554	-6.440
Σ			321.8	335.7	1.62	0.38	332.92	347.27	1.44	20.28	20.38	3.01			
			$\mid b-b_0 \mid =0.037>0.001b, =0.963$			$\mid b-b_0 \mid =0.007<0.001b, b=0.963$				$a=1.738$					

注 1：利用式(4-13)，对 b 的两次迭代，求得新的 w 权值，最终给出 $b=0.963$；

注 2：因式(4-14)的 F 统计量很大，足以表明两个方法之间的关联性很强；

注 3：式(4-15)的统计量有 $F=\dfrac{(CSS_0-CSS_2)/2}{CSS_2/(S-2)}=8.62>F_{0.05}(2,13)=3.81$，足以表明 CSS 可以改进方法间的预期一致性；

注 4：式(4-16)和式(4-17)的统计量有 $t_2=\sqrt{\dfrac{CSS_1-CSS_2}{CSS_2/(S-2)}}=1.42<t_{0.05}(13)=2.16$　$t_1=\sqrt{\dfrac{CSS_0-CSS_1}{CSS_2/(S-2)}}=0.32<t_{0.05}(13)=2.16$，表明可以选择 CSS_2 进行修正。

注 5：经再次确认，Y 的加权平均调整为 53.12，X 的加权平均调整为 53.38，故有 $a=1.738$；

注 6：ε_i 为 $Y=1.738+0.963X$ 拟合值的加权残差值，考虑到 ε_i 的结果趋于 0，故采用 $\sqrt{w_i}$ 的变换；p_i 为 ε_i 的正态概率值；

注 7：AD_i 为 AD 的单项，$AD_i=(2i-1)[\ln(p_i)+\ln(1-p_{n+1-i})]$，最终计算有 $A_s^{2*}=1.064$

无论检验判据是 t 还是 F，都涉及两种处理平均数之间的差数，若这些分子的值超出其分母值，完全可归结于总体平均数之间的真正差异。

建立 $Y = 1.738 + 0.963X$ 模型后还要考察 χ^2 检验，因有 $CSS_2 = 3.01 < \chi^2_{0.05}(13) = 22.4$，得出不存在样本基质效应的结论。

尽管表中有 $A_s^{2^*} = 1.064$，要优于加权前 $Y = 2.255 + 0.954X$ 模型给出的 $A_s^{2^*} = 1.139$，但依然需要继续跟踪监控。在前述的来自一个季度同时段随机采样的基础上，该监测站根据周边地区的 PM2.5 分布特点，利用 Y 法和 X 法分别又选取了一周具代表性的后续 10 对数据，按前述的技术路线再次做了解析，见表 4－10 与图 4－13。

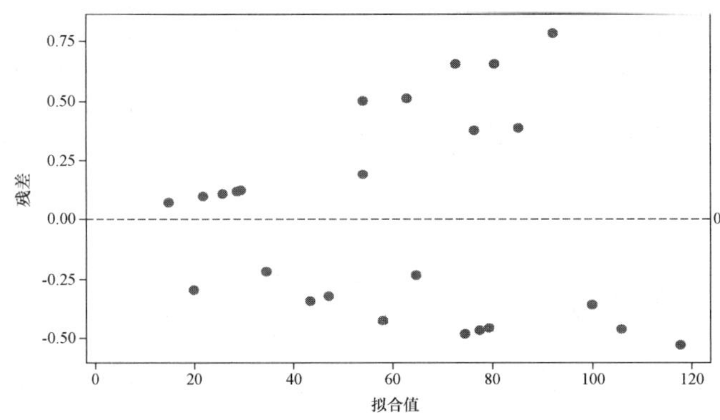

图 4－13　$Y = 0.943 + 0.979X$ 模型拟合水平下的残差散点分布图

表 4－10　25 个数据对的 CSS 统计汇总与检验

序号	Y_i	s_Y	X_i	s_X	w	CSS_0	wY	wX	CSS_1	y	x	①	②	③	CSS_2	ε
1	15	3.72	14	3.39	0.039	0.04	0.59	0.55	0.06	−37.6	−38.7	57.5	59.3	0.025	0.005	0.071
2	26	3.98	25	3.64	0.034	0.03	0.89	0.86	0.05	−26.6	−27.7	25.3	26.5	0.022	0.012	0.109
3	41	4.33	43	4.05	0.028	0.11	1.17	1.22	0.09	−11.6	−9.7	3.2	2.7	0.044	0.119	−0.342
4	55	4.66	58	4.39	0.024	0.22	1.34	1.41	0.19	2.4	5.3	0.3	0.7	0.091	0.182	−0.422
5	66	4.92	63	4.50	0.022	0.20	1.48	1.41	0.23	13.4	10.3	3.1	2.4	0.104	0.265	0.510
6	71	5.04	75	4.78	0.021	0.33	1.47	1.55	0.30	18.4	22.3	8.5	10.3	0.143	0.236	−0.481
7	74	5.11	78	4.85	0.020	0.32	1.49	1.57	0.29	21.4	25.3	10.9	12.9	0.139	0.221	−0.466
8	76	5.16	80	4.89	0.020	0.32	1.50	1.58	0.29	23.4	27.3	12.6	14.7	0.137	0.212	−0.455
9	85	5.37	81	4.91	0.019	0.30	1.60	1.53	0.33	32.4	28.3	17.3	15.1	0.150	0.440	0.657
10	98	5.68	93	5.19	0.017	0.42	1.66	1.57	0.45	45.4	40.3	30.9	27.4	0.206	0.629	0.785
11	102	5.77	107	5.50	0.016	0.39	1.60	1.68	0.36	49.4	54.3	42.2	46.3	0.174	0.215	−0.459
12	113	6.03	119	5.78	0.014	0.52	1.62	1.71	0.49	60.4	66.3	57.4	62.9	0.232	0.284	−0.527
13	57	4.71	54	4.30	0.025	0.22	1.40	1.33	0.25	4.4	1.3	0.1	0.0	0.113	0.258	0.503
14	22	3.88	21	3.55	0.036	0.04	0.79	0.76	0.05	−30.6	−31.7	35.0	36.4	0.023	0.009	0.096
15	30	4.07	29	3.73	0.033	0.03	0.98	0.95	0.05	−22.6	−23.7	17.5	18.5	0.021	0.015	0.122

续表

序号	Y_i	s_Y	X_i	s_X	w	CSS_0	wY	wX	CSS_1	y	x	①	②	③	CSS_2	ε
16	88	5.44	86	5.03	0.018	0.07	1.60	1.57	0.09	35.4	33.3	21.5	20.2	0.040	0.155	0.390
17	63	4.85	65	4.55	0.023	0.09	1.42	1.47	0.07	10.4	12.3	2.9	3.4	0.035	0.056	−0.234
18	18	3.79	19	3.50	0.038	0.04	0.68	0.71	0.03	−34.6	−33.7	43.8	42.7	0.012	0.091	−0.298
19	45	4.43	47	4.14	0.027	0.11	1.22	1.28	0.09	−7.6	−5.7	1.2	0.9	0.042	0.105	−0.320
20	77	5.18	73	4.73	0.020	0.32	1.56	1.48	0.35	24.4	20.3	10.1	8.3	0.161	0.440	0.657
21	33	4.14	34	3.85	0.031	0.03	1.03	1.06	0.02	−19.6	−18.7	11.5	11.0	0.010	0.047	−0.215
22	97	5.66	101	5.37	0.016	0.26	1.60	1.66	0.24	44.4	48.3	35.3	38.3	0.114	0.131	−0.358
23	29	4.05	28	3.71	0.033	0.03	0.96	0.93	0.05	−23.6	−24.7	19.3	20.3	0.021	0.014	0.119
24	79	5.23	77	4.82	0.020	0.08	1.56	1.52	0.09	26.4	24.3	12.7	11.6	0.043	0.147	0.379
25	55	4.66	54	4.30	0.025	0.02	1.37	1.34	0.03	2.4	1.3	0.1	0.0	0.016	0.037	0.191
Σ					0.62	4.57	32.61	32.72	4.55			480.1	492.6	2.12	4.32	
							52.56		52.74				52.56,52.74			
		4.84		4.51				$a=-0.181$		$a=0.943$, $b=0.979$						

注 1:表中的①、②、③分别代表:wyx、wx^2 和$[ws(x)(y-bx)]^2$;

注 2:利用式(4-13),对 b 经过了两次迭代(表中仅给出 1 次迭代),求得新的 w 权值,最终给出 $b=0.979$;

注 3:式(4-15)的统计量有 $F=\dfrac{(CSS_0-CSS_2)/2}{CSS_2/(S-2)}=7.23>F_{0.05}(2,23)=3.42$,足以表明 CSS 可以改进方法间的预期一致性;

注 4:式(4-16)和式(4-17)的统计量有 $t_2=\sqrt{\dfrac{CSS_1-CSS_2}{CSS_2/(S-2)}}=0.82<t_{0.05}(23)=2.07$　$t_1=\sqrt{\dfrac{CSS_0-CSS_1}{CSS_2/(S-2)}}=0.25<t_{0.05}(23)=2.07$,表明可以选择 CSS_2 进行修正;

注 5:经再次确认,Y 的加权平均依然为 52.56,X 的加权平均为 52.74,故有 $a=0.943$。$CSS_2=4.32<\chi^2_{0.05}(23)=35.2$;

注 6:模型有 $Y=0.943+0.979X$,其加权残差值 ε_i 同样采用 $\sqrt{w_i}$ 变换,但最终求得 $A_s^{2*}=0.862$,$A_{MR}^{2*}=1.137$。

同样的残差散点分布图,图 4-13($A_s^{2*}=0.862$)要大大优于图 4-12($A_s^{2*}=1.139$)的情况。从以上图表分析,基本上可以接受适用于 X 和 Y 两个方法所用样品水平的区间范围假设,即系列预测偏离、以及样品偏倚贡献和其他误差的整个分布处于正态分布。

然而,表 4-10 和图 4-13 有 $A_{MR}^{2*}=1.137$,为检查自相关趋势与失控准则,应继续跟踪作图分析(见图 4-14 和图 4-15)。

如果上述图中发现趋势的端倪,是否应引起警觉,造成这种统计失控状态的原因由 X 法和 Y 法间的样品差异所致?X 法和 Y 法是否均处于受控状态?如果排除了这些原因,则质疑失控现象归咎于 CSS 偏倚修正时所用的 QC 样品基体。解决的办法只能使用更多数据基于图 4-15来进行监控,并重新建立 CSS 进行评价。本书建议应定期交替 X 法和 Y 法的使用,有助于测量系统之间偏倚的监控。如果认为所选的 CSS 一致性程度有效,在 X 法的日常使用中,即可对其测量结果进行偏倚修正。

假设表 4-10 测量系统处于统计受控状态下(且其偏倚效应忽略不计),则即可评定不确

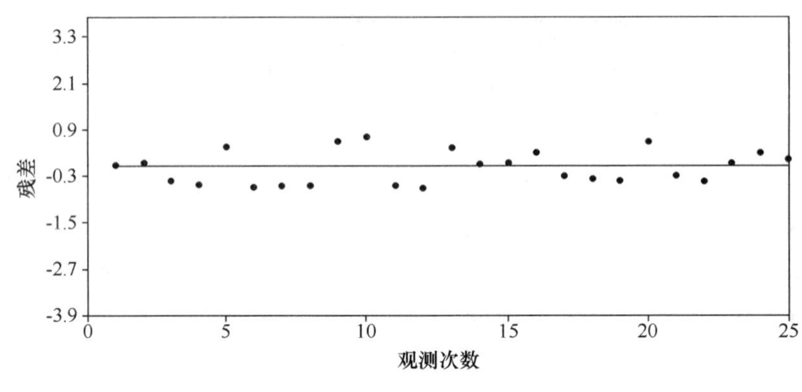

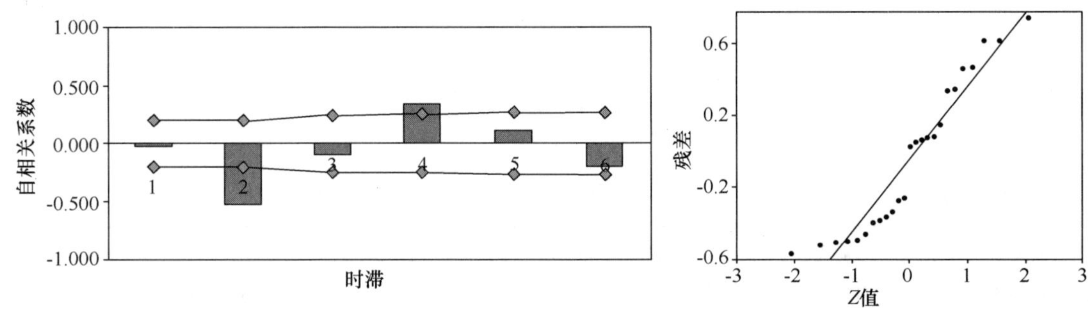

图 4-14 $Y = 0.943 + 0.979X$ 模型的链图、自相关趋势图和概率图

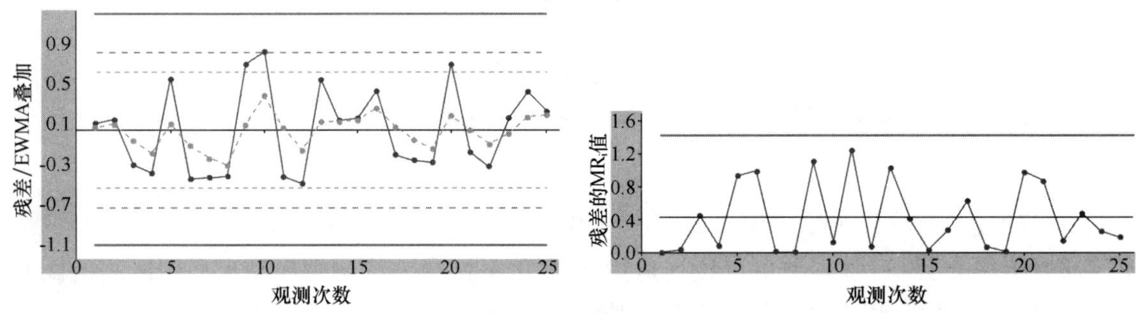

图 4-15 $Y = 0.943 + 0.979X$ 系列残差的 I/MR 组合分析图

定度。已知表 4-10 中的统计有：Y 法变异的均方根为 4.84；X 法变异的均方根为 4.51，$b = 0.979$，故：

$$U_{X\hat{Y}} = \sqrt{2(s_Y^2 + b^2 s_X^2)} = \sqrt{2(4.84^2 + 0.979^2 \times 4.51^2)} = 9.26$$

式中的 $U_{X\hat{Y}}$ 为自动监测（X 法）和手工法（Y 法）两者共用的扩展不确定度；$\hat{Y}$ 为 X 方法的偏倚修正结果，在给定检验水平 5% 下对同一样本进行测量时，区间预期包含 Y 方法获取的单结果。

换言之，同一样本测量下，当一方使用经偏倚修正的 X 方法，而另一方使用 Y 方法时，$U_{X\hat{Y}} =$

9.26 给出了给定检验水平 5% 下差值预期落入区间的估计。

本书认为，不确定度评定来自于经典频率的 top – down 客观重复观测，即通过有效的样本数据积累（精密度和偏倚的估计），最终基于概率来决策。实际上，这是一种贝叶斯后验概率的最大似然估计。有了这种条件概率得到的后验概率，在通过 AD 技术的系统受控检验后，并辅以图 4 – 14 和图 4 – 15 的跟踪监控，最终给出的不确定度估计会更加合理。

随着后续不确定度估计的不断变化，仍需要继续识别和减少不确定度的贡献，实施跟踪监控不断对模型拟合进行调整和修正，也是完成质量要求的持续改进和完善。所以，$Y = 0.943 + 0.979X$ 不是一成不变的，需要持续对 $\hat{Y}$ 和 Y_i 之间拟合的 CSS 进行确认。并利用 X 法结果预测 Y 法的 $\hat{Y}$ 估计值，以 95% 概率给出两个方法共用的 $U_{X\hat{Y}}$，有助于提高和改进自动监测系统的测量性能，更加合理地给出后续大气细颗粒污染物 PM2.5 的质量结果。

4.4　幂函数式的模型研究

4.4.1　经验模型的由来与研究意义

Horwitz 曲线（$CV = 2^{1-0.5\log C}$）由美国 FDA 的 Horwitz 博士发明，AOAC 和欧盟组织极大关注这个幂函数式。Horwitz 生前是 FDA 的咨询专家和技术顾问、AOAC 执行董事、FAO/WHO 咨询组长、ISO/TC 69 和 ISO/IUPAC 国家代表等，1995 年 AOAC 为其建立国际 William – Horwitz 奖，2000 年化学皇家学会颁发 Robert – Boyle 奖，称其为世界做出了杰出贡献。

据 Horwitz 本人对本书编者称，Horwitz 模型主要适用于农业产品（化肥、饲料、杀虫剂、药物、食品等）、地质数据和临床试验等。Horwitz 模型还涉及活体动物和动物制品中的残留分析；ASTM E01 在冶金、钢铁、矿产、金属材料等的应用也使用了 Horwitz 模型；ASTM D19 在各种水质分析（饮用、地下、地表、海、医疗、超纯、冷却、锅炉、工业、污染、废水等）中同样应用了 Horwitz 模型。

Horwitz 模型得到了国际上的认可：

（1）欧盟指令将其视为定量方法的精密度；

（2）ISO 13528（2005）Statistical methods for use in proficiency testing by interlaboratory comparisons 和 GB/T 28043—2011《利用实验室间比对进行能力验证的统计方法》将其作为一种评定方法（$\sigma_R = 0.02\ C^{0.85}$）；

（3）美国国家标准技术研究院 NIST 在对 SRM 生物元素的量值溯源分析时，也参考了 Horrat 比值的验证；

（4）基于 Horwitz 曲线的研究，ASTM E01 通过大量能力验证报告了其所拟合的函数式（$U = 0.038x^{0.58}$）；

（5）ISO TC17 参考 Horwitz 曲线做了室间研究的确认，给出了自己模型的验证（$U = 0.030x^{0.67}$）。

ASTM E01 和 ISO/TC 17 的验证见图 4 - 16。

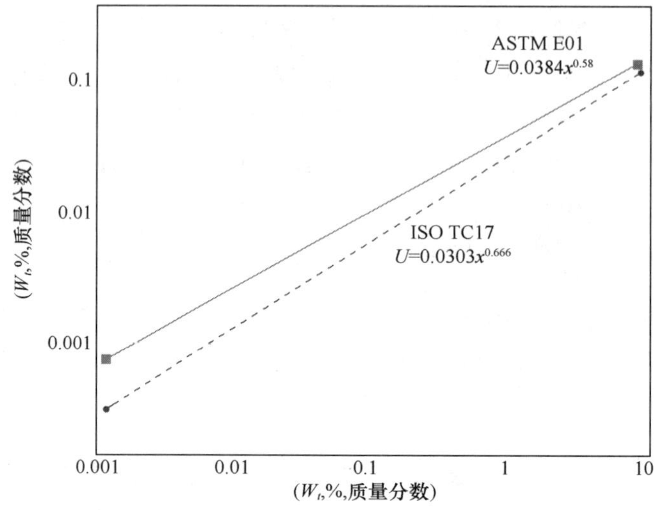

图 4 - 16　ASTM E01 和 ISO/TC 17 的 Horwitz 模型拟合验证

美国 Bethlehem 钢铁公司长期以来，利用重量、分光光度、AAS、目视和电位滴定、高频燃烧红外碳硫等方法，对钢铁中的 21 个元素进行了大量的测定。随后根据汇集的众多数据，在 95% 概率下基于 Horwitz 幂函数式，拟合并建立了自己的目标不确定度模型，即 $s = 0.0245 \times \ln x^{0.57}$（$x$ 为所有研究元素的含量），见图 4 - 17。并由 2001 年 3 月的匹茨堡大会（分析化学与应用光谱）上宣读拟写的论文，后将论文提交给“实验室认可与质量保证”编辑部予以发表。该论文的题目为“使用 ASTM 能力验证数据，建立分析化学实验室质量目标和不确定度模型”。该模型分别被 ISO/ TC17、ASTM D19 和 ASTM E01 采纳，正式成为一种不确定度的评定方法。

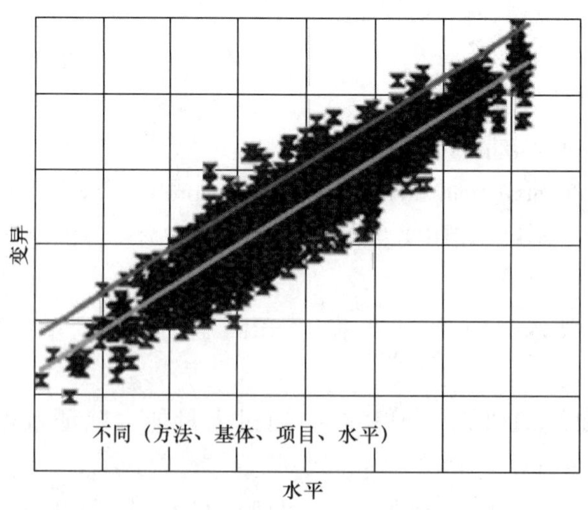

图 4 - 17　Bethlehem 的 Horwitz 模型拟合验证

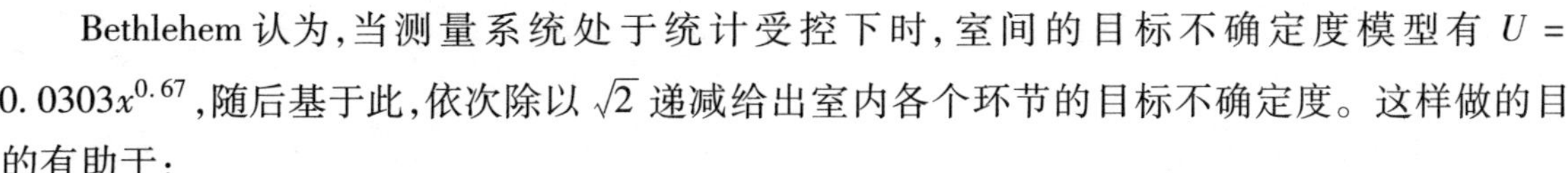

Bethlehem 认为，当测量系统处于统计受控下时，室间的目标不确定度模型有 $U = 0.0303x^{0.67}$，随后基于此，依次除以 $\sqrt{2}$ 递减给出室内各个环节的目标不确定度。这样做的目的有助于：

①监控工作曲线是否漂移，防止报出错误结果；

②向客户和认可机构展示完美的测试性能，便于客户做出使用决策；

③监控过程的控制限程度，以便确定数据质量的预期值。

表 4－11 是该公司对碳素钢、低合金钢和不锈钢的多种元素目标不确定度计算。

表 4－11　95％概率下目标不确定度的一览表计算

水平浓度/％（质量分数）	室内			室间
	工作曲线（偏倚忽略）$U=0.0107\ x^{0.67}$	控制图（包括校准）$U=0.0151\ x^{0.67}$	总误差（包括制样）$U=0.0214\ x^{0.67}$	$U=0.0303\ x^{0.67}$
0.001	0.00011	0.00015	0.00022	0.00030
0.005	0.00031	0.00044	0.00063	0.00089
0.010	0.00050	0.00071	0.00100	0.00141
0.015	0.00065	0.00092	0.00131	0.00185
0.050	0.00146	0.00206	0.00291	0.00412
0.100	0.00231	0.00327	0.00462	0.00654
0.50	0.00675	0.00955	0.01350	0.01910
1.00	0.01071	0.01515	0.02143	0.03030
5.00	0.03130	0.04426	0.06259	0.08852

实质上，Horwitz 曲线属于一种 top－down 研究思路的经验模型，关注于类似基体不同水平数据对差的控制，这种论点同样得到了如下认同。

（1）GB/T 27025—2008《检测和校准实验室能力的通用要求》：“合理的评定应依据对方法特性的理解和测量范围，并利用诸如过去的经验和确认的数据”；“据以作出满足某规范决定的窄限”。

（2）JJF 1059.1—2012《测量不确定度评定与表示》：“在可能情况下，尽可能采用按长期积累的数据建立起的经验模型”；“应该提出目标不确定度，并做出测量不确定度预先分析报告，论证目标不确定度的可行性”。

（3）CNAS－GL06—2006《化学分析中不确定度的评估指南》：“对于具有类似材料和被分析物水平的含量测试项目，结果之差给出了标准不确定度。当然，对于可溯源的所赋值的系统偏差和不确定度的其他来源也必须加以考虑”。

（4）CNAS－GL02—2006《能力验证结果的统计处理和能力评价指南》：“只要可能，验证计划应设计成能够获得成对的相关结果。这可以用样品对来实现，如不可能，也可以通过对一个样品检测两次的结果来获得”。

（5）ASTM D19：“允许给出一个非苛刻的性能准则，这对某些不好处理基体还是有必要的。如果在实际中碰到这种基体，实验室就应利用基体加标和双试验的性能准则，来对待和评定这些基体”。

（6）Eurolab Technical Report No. 1/2007 Measurement uncertainty revisited：Alternative approaches to uncertainty evaluation：“建议使用几个类似基体和不同水平的标样，覆盖分析方法的区间，以求偏倚的方根估计”。

特别是，食品和环境领域中个体差异较大，采样后样品间难以保证均匀的一致性，针对这种类似基体不同水平进行期间精密度测量条件下的数据对差控制，可减少外界条件变化所产生的不同影响，有助于搞清楚两种处理效应上是否存在真正差异；尤其是环境、石化、钢铁等领域的自动监测（在线分析），其日常需要检测各种基体不同水平下的大量数据。

4.4.2 经验模型的拟合与讨论

经验模型的拟合给出了类似 Horwitz 幂函数式的指数函数关系，若关系式在 $\alpha = 0.05$ 水平下的回归显著时，则 $y = F(x)$ 的合适变换等式有：

$$R'(x) \approx \frac{\mathrm{d}x}{\mathrm{d}y}R'(y) = \frac{x^B}{1-B}R'(y)$$

$$F(x) = k\int \frac{\mathrm{d}x}{f(x)}$$

式中：x 为结果值，k 为常数。

若发现系列标准差随着其均值增加而增加，但增加的比率随均值的增加而减少，则根据分布作图选定对数变换。模型变换与拟合过程中涉及 $\mathrm{d}x/\mathrm{d}y$ 局部范围内的变化率、以及整体内非均匀变化量总和的积分，最后有：

$$y = x^{1-b} \tag{4-20}$$

式中：y——数据的变换值；

x——数据的原结果；

b——斜率，$b \neq 1$ 。

经验模型法的建立来自长期大量数据的实际分布，其前提是确保系统处于统计受控状态。鉴于不可能同时降低犯两类错误的概率，因此需要权衡可容许的最大偏倚及两类风险。另外，要求所建立的经验模型呈时间的合理性，即随时间推移要进行持续地监控和不断地更新。经验模型法利用指数拟合的线性变换有如下特点。

（1）数据类型的变换来自于日常经验或实验分布估计。显著性检验的有效应用要求实验误差必须相互独立，并以公共的方差作为正态分布，即当公共 σ^2 的假定成立时，不论 X 的值如何，皆可用残差项来对总体平均数做有效的概率推断。

（2）误差不齐性或呈异方差应通过随机化来消除误差间存在的关联性。

（3）在新度量值的坐标上加以变换，变换后的数据应近似正态分布，且使得平均数与方差相互独立。

（4）利用作图分析，尝试回归方程高度显著的曲线拟合，寻找两者间最小关联的变换。

本书使用 WLS 建立一个类似 Horwitz 幂函数式的指数函数关系，即给出下述的实验室内部目标不确定度模型：

$$s_{R'} = a\bar{\bar{x}}^{b} \tag{4-21}$$

式中：a——对数线性拟合的截距；

b——对数线性拟合的斜率；

$\bar{\bar{x}}$——结果平均值。

经验模型法的评定步骤如下：

①在 $s_{R'}$ 测量条件下，汇集不同水平下被测对象的数据集；

②对所汇集的数据集进行监控和 AD 检验；

③考虑数据的对数变换，变换后数据集的变异与均值呈恒定方差；

④对变换后的加权残差值进行 AD 检验，随后进行失拟误差的显著性检验；

⑤根据变换后数据集标准差与均值的函数关系，求得其对数关系式和截距；

⑥求得目标不确定度，实施后续的持续跟踪监控。

4.4.3　案例分析（环境空气质量二氧化硫的测定）

空气中二氧化硫是一种无色具有强烈刺激性气味的气体，易被湿润的黏膜表面吸收生成亚硫酸、硫酸，对眼及呼吸道黏膜有强烈的刺激作用，会引起人体的免疫力降低，抗病能力变弱。二氧化硫还能与大气中的飘尘黏附，当人体呼吸时吸入带有二氧化硫的飘尘，会使二氧化硫的毒性增强，对人体健康和大气环境质量的影响很大。

根据某段期间的雾霾天气监控，某监测站认为气态污染物主要来源于大气中的二氧化硫，针对所碰到的浓度水平范围做相应的跟踪监控。本示例遵循 GB/T 27411—2012《检测实验室中常用不确定度评定方法与表示》和 CNAS - GL34—2013《基质质控数据环境检测测量不确定度评定指南》的技术路线，基于 HJ 482—2009《环境空气二氧化硫的测定　甲醛吸收副玫瑰苯胺分光光度法》的二氧化硫自动监测分析仪（型号：EC 9850）测量系统，汇集了一个季度 9 个水平的数据对。这些数据对来自 $s_{R'}$ 测量条件下现场大量的双试验，经统计分析后给出每个水平下数据对的平均值，详见表 4 - 12。

表 4 - 12　$s_{R'}$ 测量条件水平下系列数据对结果汇总（$\times 10^{-9}$）

浓度水平	月份	平行结果①	平行结果②	RSD	平均	$\bar{\bar{x}}$	$s_{\bar{x}}$	$\log(\bar{\bar{x}})$	$\log(s_{\bar{x}})$	$\bar{\bar{x}}_{变}$	$s_{\bar{x}变}$
100×10^{-9}	1	95.3	101.4	6.2%	6.6%	100.117	6.559	2.00	0.82	25.796	0.714
	2	103.2	97.3	5.9%							
	3	97.9	105.6	7.6%							
150×10^{-9}	1	143.7	151.6	5.4%	5.2%	149.917	7.768	2.18	0.89	34.301	0.751
	2	155.7	147.9	5.1%							
	3	154.1	146.5	5.1%							
200×10^{-9}	1	195.1	203.5	4.2%	4.2%	200.883	8.434	2.30	0.93	42.170	0.715
	2	196.6	205.2	4.3%							
	3	206.6	198.3	4.1%							

续表

范围	月份	平行结果①	平行结果②	RSD	平均	$\bar{\bar{x}}$	$s_{\bar{x}}$	$\log(\bar{\bar{x}})$	$\log(s_{\bar{x}})$	$\bar{\bar{x}}_{变}$	$s_{\bar{x}_{变}}$
250×10^{-9}	1	251.5	259.4	3.1%	3.5%	252.267	8.870	2.40	0.95	49.523	0.775
	2	257.1	246.8	4.1%							
	3	253.6	245.2	3.4%							
300×10^{-9}	1	316.6	307.2	3.0%	3.0%	302.917	9.030	2.48	0.96	56.346	1.157
	2	291.7	300.2	2.9%							
	3	305.5	296.3	3.1%							
350×10^{-9}	1	341.4	349.7	2.4%	2.7%	350.283	9.294	2.54	0.97	62.432	0.792
	2	357.6	347.2	3.0%							
	3	357.5	348.3	2.6%							
400×10^{-9}	1	402.5	412.1	2.4%	2.6%	408.950	10.793	2.61	1.03	69.634	1.790
	2	419.7	430.3	2.5%							
	3	388.5	400.6	3.1%							
450×10^{-9}	1	455.4	465.8	2.3%	2.1%	453.983	9.426	2.66	0.97	74.968	0.879
	2	444.2	452.8	1.9%							
	3	457.5	448.2	2.1%							
500×10^{-9}	1	490.3	501.7	2.3%	2.3%	501.667	11.595	2.70	1.06	80.442	0.913
	2	507.1	496.9	2.0%							
	3	500.4	513.6	2.6%							

注 1：$\bar{\bar{x}}_{变}$ 和 $s_{\bar{x}_{变}}$ 分别表示为数据变换后的 $\bar{\bar{x}}$ 和 $s_{\bar{x}}$ 。

注 2：系列差值（变换值 − 水平变换均值）的 AD 检验有 $A_s^{2*}=0.254$。

表中有 $s_{R'}=6.064+0.010\bar{\bar{x}}$，然而发现 $s_{\bar{x}}$ 是被测特性水平的函数（$p<0.01$），见图 4－18。图中的 $s_{\bar{x}}$ 随 $\bar{\bar{x}}$ 增加而增加，但增加的幅度逐渐减少，且在曲线周围的变差大致是常数。这种非稳定型方差选择幂函数的变换较适宜，故采用双自然对数回归后有 $\log(s_{R'})=0.237+0.294\log(\bar{\bar{x}})$。

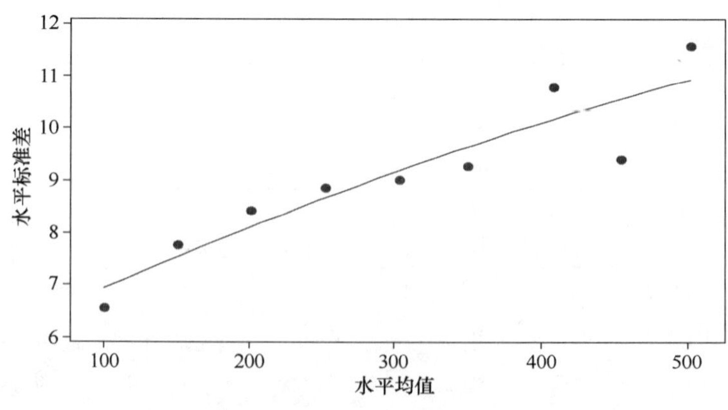

图 4－18　非稳定型方差图

利用式(4－20)求得变换值：

$$F(x)=k\int\frac{\mathrm{d}x}{f(x)}=\int x^{-0.294}\approx x^{0.706}$$

并给出水平变换后的均值和标准差，此时有：$s_{R'_{变}}=0.470+0.009\bar{x}_{变}$，其作图见图 4－19 ($p>0.05$)，表明斜率与 0 没有差异。

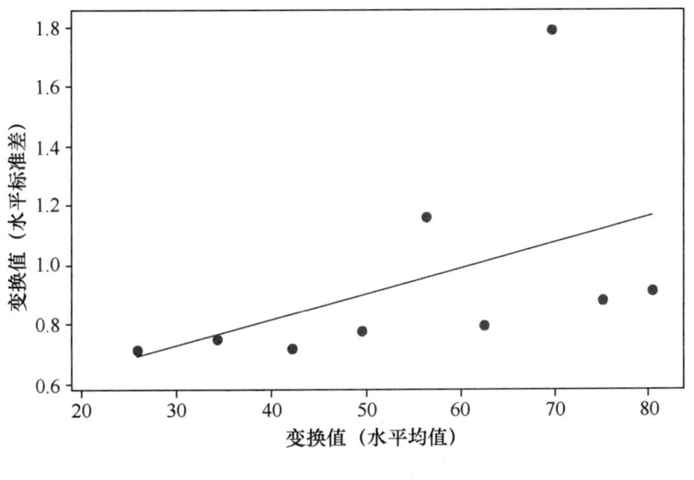

图 4－19　稳定型方差图

数据变换的成功与否是建立在数据集的正态性前提下，因表中的统计有 $A_s^{2^*}=0.254$，证明前述变换分析的合理性，见图 4－20。

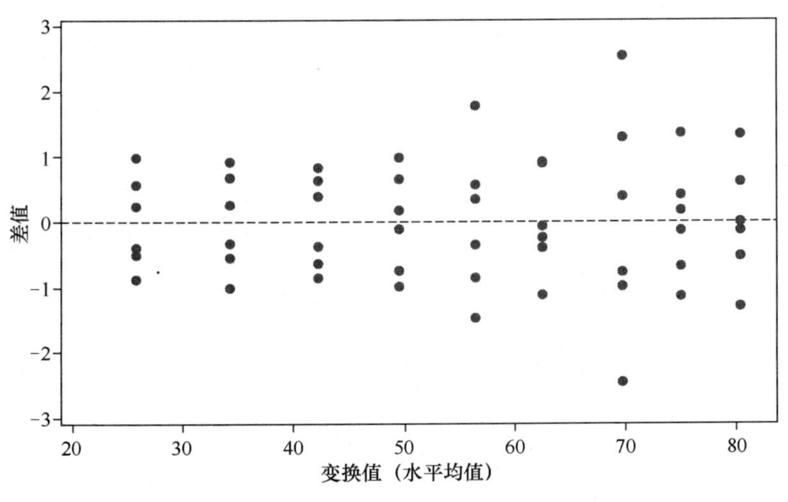

图 4－20　$s_{R'_{变}}=0.470+0.009\bar{x}_{变}$的加权残差图

对于表中非稳定性方差经双对数变换后，有 $\log(s_{R'})=0.237+0.294\log(\bar{\bar{x}})$，则 $b=0.294$，$a=1.268$，利用式(4－21)求得不确定度估计。

则该监测站对气态污染物二氧化硫的监控，给出了一个季度的 $U=2.54\,\bar{\bar{x}}_{0.29}$ 的估计，作为质量水平的目标不确定度。

根据持续改进和不断完善 QC 要求，随着后续气态污染物二氧化硫系列水平样测量数据的不断增加，监测站决定，继续实施后续的持续跟踪监控，对所建立的 $U = 2.54\bar{\bar{x}}_{0.29}$ 的模型拟合进行不断调整和修正，努力提高和改进自动系统的测量性能，及时更正不确定度的估计值。

第 5 章　检出限和定量限

5.1　背景简介

本书认为，检测方法所给出的 IDE（检出限）和 IQE（定量限），可以满足化学的风险评估要求，这些底限直接影响到数据的使用，因为靠近检出限的数据很有可能给出 α（正错误概率）和 β（负错误概率），所以，检出限和定量限在方法确认中起着很重要的作用，尤其是微量和痕量分析。

检出限可视为分析物的阈值浓度，目前的做法是由空白测量部分的重复分析来确定，即等同于空白平均响应加上 3 倍的标准差，有可能不同的样品类型具有不同的检出限值。而定量限是指分析物的最低浓度，由可接受的不确定度水平来确定，不同的惯例做法是取空白测量的 5 倍、6 倍或 10 倍标准差限。

检出限和定量限最早是由美国 NIST 的 Lloyd Currie 博士于 1968 年提出。1984 年，美国 EPA 出台相关程序。1995 年，IUPAC 采纳 Currie 的做法。1999 年，IUPAC - ISO 达成一致协议，以 Currie 的做法为基准。关于检出限和定量限的概念，目前给出的释义存在不同的理解，给出了各种称谓：IDL；LCMRL；LDL；LOQ；MDL；PQL 和 RL 等。

最近几年，ASTM D19 基于 Currie 原则而制定出相应的文件，并将其视为 LC（临界限）、IDE（检出限）和 IQE（定量限）。

D19 认为，现场抽验的空白变异、样品的转移和存储、试剂污染、前处理的变异回收等，都加剧了整个灵敏因素及其变异的估计，而这些现象就出现在 LC（临界限）、IDE 和 IQE 上。所以，应对 0 ~ IDE ~ IQE 区间的参数估计做出重要的假定，即随机性、误差模型和方差代表性。

D19 坚持认为，从 0 水平到 IDE 和 IQE 水平，标准差呈显著变化，必须对偏倚进行修正，而这种做法有别于目前的 3σ 和 10σ 单点估计的传统做法，后者视 0 水平的变异等同于高水平下的变异。D19 将这种单点估计方法判定为一种错误的做法，尽管简单易理解，但容易误导，造成系统中噪声和偏倚特性的误判，会带来重大的损失代价。见图 5 - 1 的示例。

实际上，D19 的路线依然来自美国贝尔公司道奇 - 罗米格（D - R）方案，见 GB/T 27415—2013《分析方法检出限和定量限的评估》，其强调随机化设计、合理有效配制可用资源、以及寻求效应最佳组合，借此为控制双尾区，以 $1-\alpha$ 和 $1-\beta$ 高概率接受与拒收，由 n、k_1 和 k_2 确立的双侧抽样方案，见表 5 - 1。

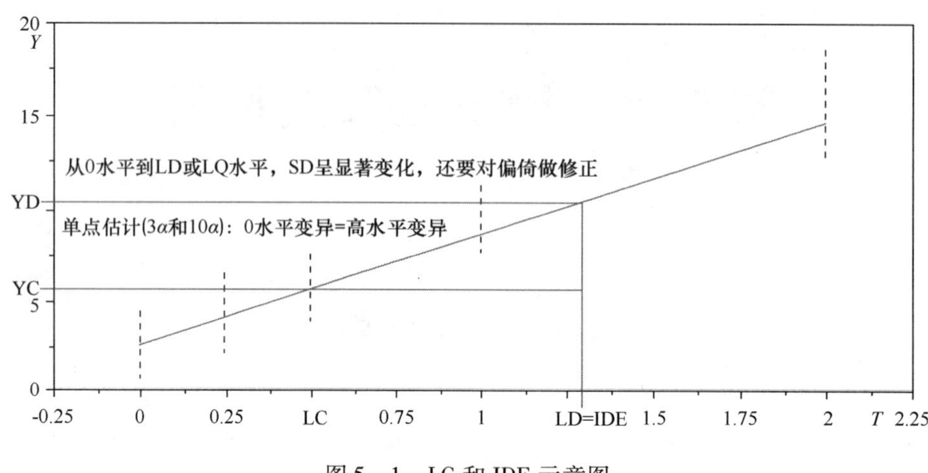

图 5－1　LC 和 IDE 示意图

表 5－1　90%置信水平下统计容忍区间上限的调整因子

n	99%分位数,k_1	95%分位数,k_2	n	99%分位数,k_1	95%分位数,k_2
5	4.67	3.40	35	2.83	2.04
10	3.53	2.57	40	2.79	2.01
15	3.21	2.33	45	2.76	1.99
20	3.05	2.21	50	2.74	1.97
25	2.95	2.13	55	2.71	1.95
30	2.88	2.08	60	2.69	1.93

GB/T 27415 参考了 D19 的做法,其采用的“拟合法”不同于普遍使用的“单点法”。尽管两个方法是目前检出限和定量限评估的主要手段,但存在如下的差异。

(1)“单点法”视标准差为常数;“拟合法”认为标准差随浓度变化需多点拟合。

(2)“单点法”仅对 α 水平的错误率进行控制;而“拟合法”同时考虑两类风险水平。

(3)“单点法”采用 OLS 回归;“拟合法”用 WLS 回归。

(4)“单点法”不考虑模型的偏倚修正和检验;“拟合法”对建立的偏倚回归模型进行显著性检验。

(5)“单点法”按“置信区间”计算;“拟合法”按“统计容忍区间”计算。

(6)“单点法”仅适用于室内研究;“拟合法”既适用于室间又适用于室内研究。

表 5－2 给出了 GB/T 27415 与当前做法的比较。

本研究的拟合法需要试验设计,旨在确保所有已知影响因素纳入到整体研究中,其涉及的主要环节是:建立接近实际误差模型的理想状态;模型中参数的随机和系统分量评估。该研究依然做出以下 3 种假设:

预测变量不存在误差;

因变量的误差同属于一个统计总体,且具有相互独立性;

以及误差的总体统计平均为零。

表 5-2　本研究与其他方法间的比较

项目	本研究	其他方法或程序
概念定义	遵循 Currie 的原则,规范了术语定义	较乱
标准差的估计	标准差随浓度 T 显著变化,需建立正确的模型	标准差不变化
模型检查	准确性假设的 p 检验和残差作图	不做统计假设检验
容差域的设定	给出基于样本量的单侧容差域(90% 概率)	未给出
两类错误	同时考虑到 α 和 β 的水平控制	仅给出 α 水平
"删失"数据考虑	强调空白水平测量时需斟酌	未做要求
IDE 和 IQE	必须基于正确的标准差模型来进行计算	直接估计为 3σ 和 10σ
仪器检出限调整	检查仪器内门槛或阈值,确保最优化	未做要求
最小二乘回归	鉴于标准差呈异方差,必须实施 WLS 回归	只做 OLS 回归
回收模型检验	评价偏倚的失拟项	不做偏倚检查

同样考虑是否满足第 1 章中 1.4(不同模型的操作与处理)理想模型的先决条件,比如,稀释误差既包括测量子体的常数误差,又包括批次内的随机误差,两个误差应看做无法校准的系统效应加以考虑,最终确认样品处理前与处理后的结果是否具有一致性。在没有交互影响的前提下,$s_{R'}$ 测量精密度过程的 WLS 数据满足了具有随机变异代表性的模型假设,即接受函数同时考虑 α 和 β 水平所给出的模型真实性,这些需要做方差分析和 AD 统计检验。

5.2　LC、IDE 和 IQE 的理解与分析讨论

5.2.1　LC、删失、α 和 β

如果回收并不完美,表明了所建立的模型不理想,此时必须搞清楚测量值和浓度 T 之间关系的假定。因两者间存在偏倚,所贡献的影响因素有:不同操作者、设备型号和测量次数、环境因素、方法界定、污染、影响传递的误差转移以及其他等因素所致,使得正确的模型很难建立。

若达到回收模型完美假定,就有图 5-2 给出空白 T_0浓度下的测量变异,其中,LC 用于检出限确定。在该水平下通常有 $\alpha=0.01$ 的控制,但不存在对 β 控制,即以增加 β 的概率代价来减少 α,反之亦然。由此,尽管有 LC 与 α 相关联,同样也可以发现 T_0与 β 相关联。通过可接受的 α 和 β 界定,即可确定室内检出限 T_0的可信检出。

对于图 5-2 的分析可做如下理解。

当假定结果 x 符合正态(如 $n=50$),希望至少以 90% 的比例确保抽验判为合格批,此可确定适用于空白测量的 LC,则有:$p_1=0.01$, $k_1=2.74$; $p_2=0.05$, $k_2=1.97$,见表 5-1。换言之,

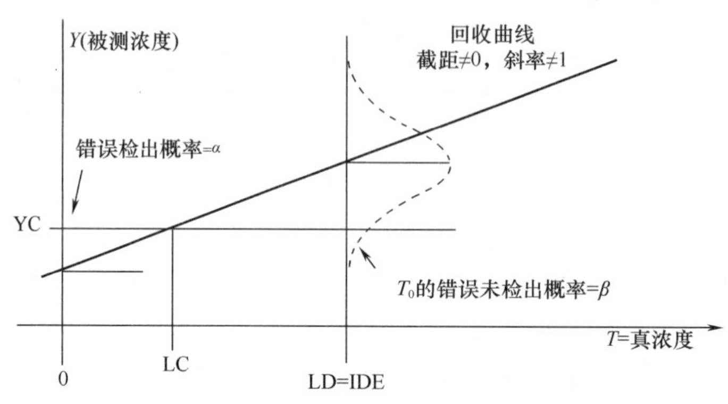

图 5－2　理想情况下的 IDE 可信检出

以高概率控制的正态左尾面积的不合格品率 p 不超过 p_1、以及右尾区的 p 不超过 p_2。

LC 视为“真实未检出概率（真实负概率）”，有 $1-\alpha=99\%$；其对应的“错误正概率（错误检出概率）”有 $\alpha=1\%$。之所以界定容忍区间约为 90%，是因为与 α 和 β 错误大小有关。考虑到低浓度水平的测量误差非呈正态且空白的测定次数有限，因而通常情况下取 $k=3$。传统方法仅强调 α 控制，然而在重要场合下 β 减少到可接受水平同样重要。为确保食品和环境等的安全，较之 α 更应防止 β 的风险，因抽样不具代表性，检出限大于相关浓度，加标回收较低，这些都会导致 β 错误率。

图 5－2 中的 LC 和 IDE 计算必然涵盖空白，尤其是在 LC 点，如果数据在 α 控制下经过“删失”，则报告 β 的控制会有 50%，所以 LDE 必须在较高水平下达到一个合理的 β 来进行估计。除非给出大量样本量，否则分布会由于随机抽样而扭曲。

另有，由于仪器和软件系统的“删失”或内部的“门槛（阈值）”，排除了背景信号（噪音滤除和拒峰），导致结果出现空白错误的有偏结果。为了区别化学信号和背景噪声，需做出相应的决策，该问题应引起重视。比方说，需要对仪器系统进行调整，涉及流速、压力、温度控制、样品容积等；需要对分析柱进行选择，涉及响应适宜、保留时间、淘洗顺序变化等。

仪器内部各种参数调整的最佳化，会影响到可能分布的变异和代表性。针对痕量分析，希望得到“未经删失”和无偏的低水平数据，当出现 0 值或负值就不能“删失”，否则导致统计计算失败。空白变异总是存在，非归属于测量过程的不灵敏；而不受异方差影响的 LC，因其仅反映出信号的方差，即解决了空白的变异。如果小于 LC，这种“未检出”不能解释为分析物的不存在，此时不建议报告“0”或小于 IDE。若实在无法补救，也只能在 IDE 研究中增补较高浓度的 RM 测量。

另外，正如前所述，没有选择痕量或接近痕量浓度的分析物，基体匹配准则未达到，同样识别不了分析物。前处理中出现的基体干扰效应、或各种干扰类型的特征识别，比如：背景、谱线或化学；容器、试溶剂和载气等污染；以及人员避免不当的仪器或基线调整。这些都很难区分是由于基质效应还是程序失去特性所致。针对理想情况下的 RM 基体匹配不存在，更多涉及样本的稀释，此时一定要注意依赖分析物浓度的变异趋势。

5.2.2 IDE 和 IQE

如何寻找合适的空白、置信度的把握、信号到浓度的推算等，这些都决定 IDE 计算结果的很大差异。越接近相关浓度的 IDE，越容易发生 α 和 β 错误概率（见图 5－2）。作为仪器的检出限，其仅包括仪器的检出部分，不包括样品制备、浓度稀释或方法特定参数。仪器检出限也同样为最低浓度水平，但在统计上不同于空白重复测量的 3s，代表了 99% 置信区间内分析物结果存在的非随机信号识别，不能用于风险评估。

IDE 与化学测量过程有关，作为适当控制 α 和 β 水平下的最小分析信号，其涵盖了方法检出限和仪器检出限，并判断是否存在最低浓度。凡是高出 LDE 的报告值，都将视为检出可信。另外，LDE 暗指不确定度符合性的监控作用，以便后续的测量会合理地纳入其中，这种区间有别于传统方法给出的置信区间，因后者并非涵盖后续的测量结果。

IDE ~ LC 之间可视为“半定量”和“半定性”，因其无法量化分析物的存在，除非接近到 IQE 时数据的精密度才会满足方法要求。LC 控制了 α 水平，接近 IDE 时 β 才被控制，由此很容易导致人为的“删失”数据结果。这种“删失”在痕量分析中会影响到潜在分布的变异和代表性，应尽量避免对原始数据的滤除、或提高峰检测门槛做法。

同 IDE 一样，IQE 也属于方法的一种性能特征，对化学分析的设计和使用非常重要。如果假设时间效应的模型拟合完美，则采用可获得 RSD% 界限的 $Z = \frac{100 \times h}{b}$（式中，$h$ 为水平和标准差回归的斜率；b 为模型拟合的斜率），首先求得 $IQE_{(10\%)}$，如果 $IQE_{(10\%)}$ 不存在或超出研究中所用浓度范围时，若可能则计算 IQE（20%）、乃至 $IQE_{(30\%)}$，希望 $Z < 10$ 但不建议 $Z > 30$。由此看来，IQE 的计算是基于函数的标准差模型。

IDE 浓度设计至少选择 5 水平，初始估计 IDE_0 可取 3s'（s' 为非 0 浓度水平下的 s）。以下方案可任选其一：

①0，$IDE_0/4$，$IDE_0/2$，IDE_0，$2 \times IDE_0$，$4 \times IDE_0$；

②0，$IDE_0/2$，IDE_0，$(3/2) \times IDE_0$，$2 \times IDE_0$，$(5/2) \times IDE_0$；

③其他方案，空白，至少一个近似 $2 \times IDE_0$，至少一个低于 IDE_0 的非 0 浓度。

IQE 的浓度设计至少选择 7 个水平，初始估计值 IQE_0 可取 10s'。以下方案可任选其一：

①0，$IQE_0/4$，$IQE_0/2$，IQE_0，$2 \times IQE_0$，$4 \times IQE_0$，$8 \times IQE_0$；

②0，$IQE_0/2$，IQE_0，$(3/2) \times IQE_0$，$2 \times IQE_0$，$(5/2) \times IQE_0$，$3 \times IQE_0$；

③其他方案，空白，至少一个近似 $2 \times IQE_0$，至少一个低于 IQE_0 的非 0 浓度。

并有如下考虑：

①室间研究剔除离群值后的测量数据至少来自于 6 个独立实验室；

②要求提供水平下不少于 6 次独立重复测量的“未删失”的结果；

③不能扣减所用基质的背景水平，可以考虑空白是否大于 LC 时的背景修正；

④测量系统的校准误差要小于所有变异源的合成；

⑤不同仪器设备涉及的内容有：厂商型号及硬件和电子、分析柱、抓样速率和化学处理速率、内部信号处理的门槛和积分时间、样品有效容积和污染水平、软件计算等。

IDE 和 IQE 对于数据使用很重要，为检测方法的选择使用提供了依据。IDE 和 IQE 的计算如下：

①识别并拟合常数或直线的标准差模型；

②建立模型与浓度之间的关系(模型 s)，并进行统计检验和作图分析；

③若标准差随浓度变化，需用 WLS 拟合偏倚修正回归模型(模型 R)，并检验其拟合程度；

④模型 s 用于空白样品测量标准差 $\hat{s}_0$ 估计；

⑤在 90% 比例下，给出室间临界值 LC 及其浓度下的测量值(YC)、以及 IDE 的直接或迭代计算；

⑥根据所选模型 s，利用 RSD = 10% 求得室间 IQE 的最低浓度 $IQE_{(10\%)}$，或可能情况下的 $IQE_{(20\%)}$ 和 $IQE_{(30\%)}$。

5.2.3　OLS 与 WLS 拟合选择

以下通过离子色谱法测定水含量的作图(见图 5-3～图 5-7)，来模拟 OLS 与 WLS 的拟合选择。

图 5-3 为模拟回收数据的散点图。因标准差对应浓度的 OLS 直线拟合，其斜率的 $p < 0.01$，存在显著性差异，则图 5-4 为采用 WLS 拟合后的对应作图。

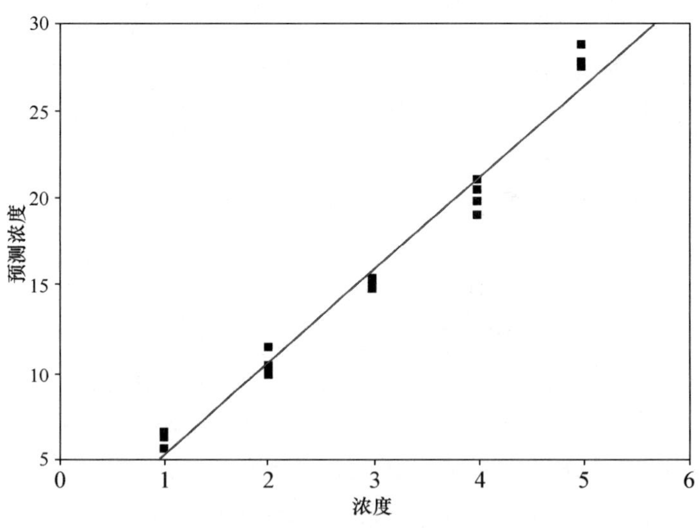

图 5-3　模拟回收数据的散点图

然而，图 5-5 为该回收数据使用 WLS 的直线模型拟合残差图，呈现出抛物图形的非随机性，建议采用曲线拟合。

图 5-6 给出了曲线和 OLS 组合的拟合，其失拟误差的斜率 $p > 0.05$，表明曲线和 OLS 的拟合选择正确。

图 5-7 进一步表明，曲线和 OLS 组合消除了图 5-5 给出的抛物线状，表明曲线和 OLS 的组合正确。

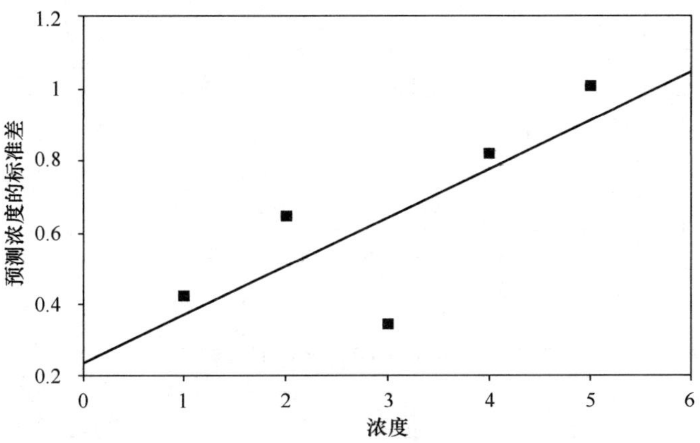

图 5－4　响应标准差对应浓度的 WLS 拟合作图

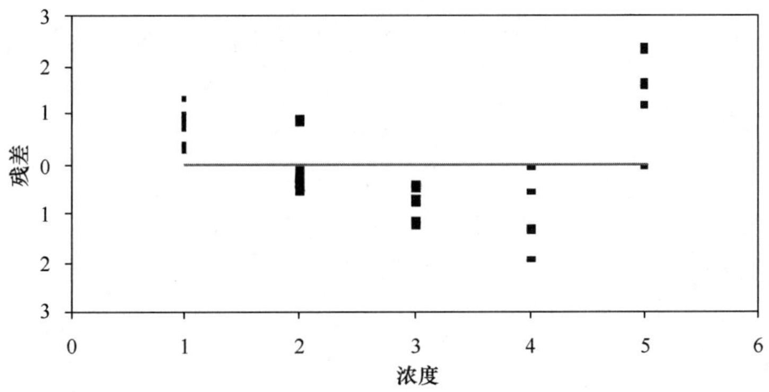

图 5－5　残差作图的散点分布趋势图

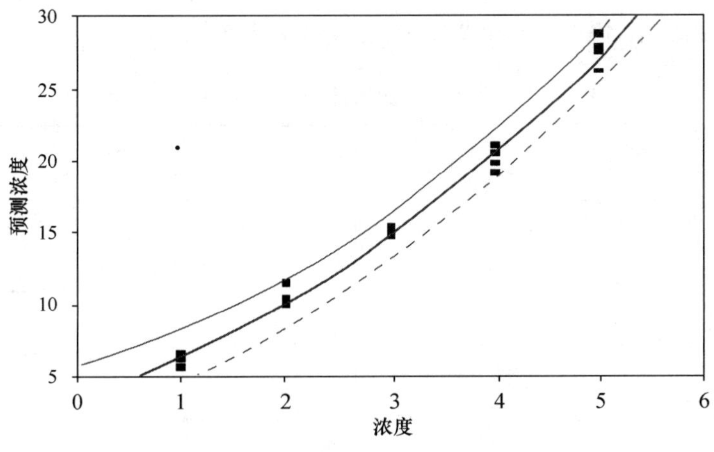

图 5－6　曲线拟合作图

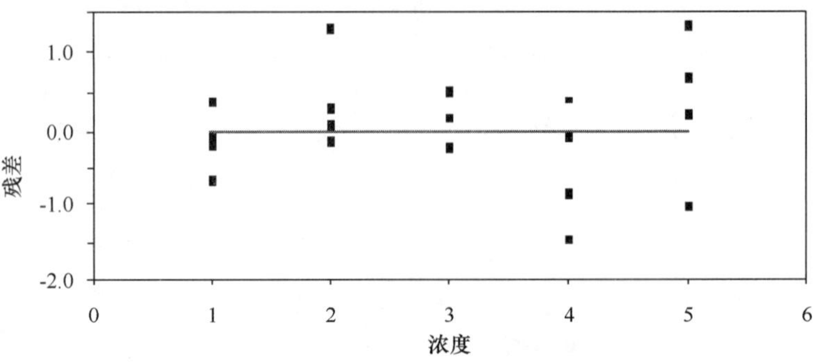

图 5-7　曲线与 OLS 组合的残差散点图

本书假定仅有直线模型，在所研究范围内来找到特定浓度下的数学关系式，选择最佳拟合的模型。

5.2.4　模型拟合的识别检验与 IDE 和 IQE 的计算

常数模型见式(5-1)，直线模型见式(5-2)，测量结果 Y 的模型 R 见式(5-3)：

$$s = g + \varepsilon \tag{5-1}$$

$$s = g + h \times T + \varepsilon \tag{5-2}$$

$$Y = a + bT + \varepsilon \tag{5-3}$$

式中：s ——标准差；

g, h ——拟合常数；

ε ——残差项；

T ——配制浓度；

a, b ——截距和斜率。

注 1：若 $p < 0.05$，选择直线模型，其中的权值有 $w = 1/s^2$；

注 2：模型 R 的拟合优度需满足 $p > 0.05$，且残差作图呈随机分布(配合 AD 统计检验)；

注 3：模型 R 系数估计的 OLS 和 WLS 拟合计算见表 5-3。

表 5-3　模型 R 系数估计的 OLS 和 WLS 计算

OLS	WLS
$\bar{T} = \frac{1}{n}\sum_{i=1}^{n} T_i$	$\bar{T}_w - \sum_{i=1}^{n} w_i T_i / \sum_{i=1}^{n} w_i$
$\bar{y} = \frac{1}{n}\sum_{i=1}^{n} y_i$	$\bar{y}_w = \sum_{i=1}^{n} w_i y_i / \sum_{i=1}^{n} w_i$
$S_{TT} = \sum_{i=1}^{n} (T_i - \bar{T})^2$	$S_{wTT} = \sum_{i=1}^{n} w_i (T_i - \bar{T})^2$
$S_{TY} = \sum_{i=1}^{n} (T_i - \bar{T})(y_i - \bar{y})$	$S_{wTY} = \sum_{i=1}^{n} w_i (T_i - \bar{T})(y_i - \bar{y})$
斜率 $b = S_{TY}/S_{TT}$	斜率 $b = S_{wTY}/S_{wTT}$
截距 $a = \bar{y} - b\bar{T}$	截距 $a = \bar{y}_w - b\,\bar{T}_w$

常数模型(k_1 和 k_2 由表 5－1 给出)的 IDE 计算见式(5－4):

$$\mathrm{IDE} = \mathrm{LC} + k_2 \frac{\hat{s}(0)}{b} \tag{5-4}$$

式中: $\hat{s}(0)$ ——空白测量的标准差;

LC——临界值,有 $\mathrm{LC} = \frac{\mathrm{YC} - a}{b}$,其中,对应 LC 的 $\mathrm{YC} = k_1 \times \hat{s}(0) + a$。

直线模型的 IDE 计算见式(5－5):

$$\mathrm{IDE}_{i+1} = \frac{[k_1 \times \hat{s}(0) + k_2 \times (g + h \times \mathrm{IDE}_i)]}{b} \tag{5-5}$$

注:将每次迭代所估计的 IDE 带入式中,给出新的 IDE,直至迭代求得连续 IDE 之差小于 0.01。

常数模型的 IQE 计算见式(5－6):

$$\mathrm{IQE}_{Z\%} = \frac{100}{Z} \times \frac{g}{b} \tag{5-6}$$

式中: $\mathrm{IQE}_{Z\%}$ ——RSD 为 $Z\%$ 时的定量限;

Z——按 $Z = \frac{100 \times h}{b}$ 近似取值(10、20 或 30)。

直线模型的 IQE 计算见式(5－7):

$$\mathrm{IQE}_{Z\%} = \frac{g}{b \times \frac{Z}{100} - h} \tag{5-7}$$

5.3　案例分析(模拟与作图)

5.3.1　IDE 评定

本示例有 10 个实验室参加了检测方法的 IDE 研究,所研究的浓度水平共有 5 个:0.0μg/L、0.25μg/L、0.50μg/L、1.0μg/L 和 2.0μg/L,利用式(5－1)~式(5－3)计算,结果见表 5－4(数据未做删失),其标准差模型见图 5－8。

表 5－4　IDE 测量报告与统计计算

T	室间结果,y	s	$\hat{s}$	ε	w
0.0	1.41, 3.94, 2.22, 3.48, 1.96, 0.92, 2.17, 2.36, 4.50, 3.26	1.137	1.089	0.049	0.843
0.25	4.10, 3.51, 4.07, 4.34, 4.54, 2.76, 2.03, 4.13, 6.06, 6.47	1.336	1.328	0.007	0.567
0.50	3.97, 7.34, 6.41, 6.25, 6.38, 7.64, 4.67, 6.74, 4.38, 6.48	1.255	1.568	−0.313	0.407
1.0	7.54, 7.68, 8.38, 7.14, 3.12, 10.97, 11.15, 10.44, 9.73, 7.27	2.406	2.046	0.360	0.239
2.0	8.20, 13.97, 12.88, 18.31, 16.47, 16.06, 12.56, 14.21, 13.96, 17.37	2.900	3.003	−0.102	0.111

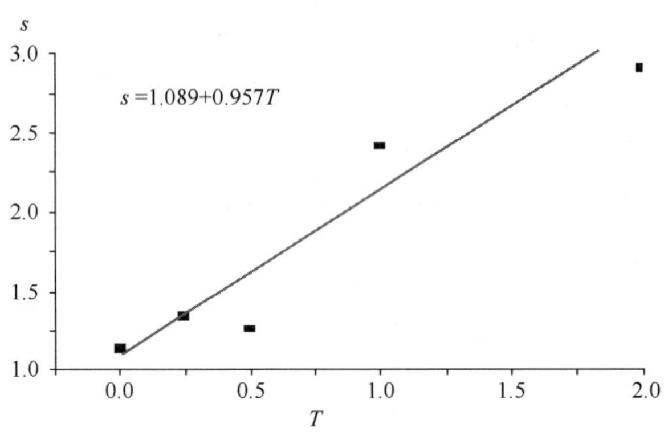

图 5-8　T 浓度下的 s 拟合

利用表 5-3 的 WLS 来建立模型 R，有 $a = 2.738$ 和 $b = 5.862$，其失拟不足检验有 $p = 0.854$，可接受模型 R 的拟合。经变换的模型拟合后有残差作图（见图 5-9），表明所选的变换有效。

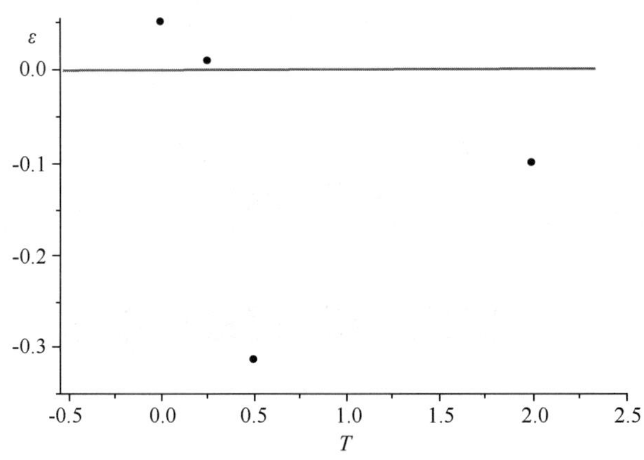

图 5-9　浓度 T 下的 ε 散布

因有加权残差值 $u = y - (2.728 + 5.862 \times T)$，将系列 u 对应于浓度 T 进行作图分析（见图 5-10）。图中不存在系统图形趋势，进一步表明应接受模型 R 的拟合。

图 5-10 是针对变换值和原始值进行加权残差分析，证明模型给出了较好的数据拟合，如果此时图中存在系统弯曲，需评价指数模型的合理性，同理，检查指数模型斜率的 p 值和对数拟合的残差值作图，若不能满足这两个条件，只能考虑混合模型的使用，或称为牛顿迭代数值逼近（见图 5-11）。

下一步利用式（5-4）和式（5-5）进行 IDE 计算：

（1）已知截距 g = 1.089，即 $g = \hat{s}(0) = 1.089$，$a = 2.738$，$n = 50$，$k_1 = 2.74$（查表 5-1），则有：$\text{YC} = k_1 \times \hat{s}(0) + a = 2.74 \times 1.089 + 2.738 = 5.71$。

（2）已知 $b = 5.862$，则有：$\text{LC} = (\text{YC} - a)/b = (5.71 - 2.73)/5.862 = 0.511$。

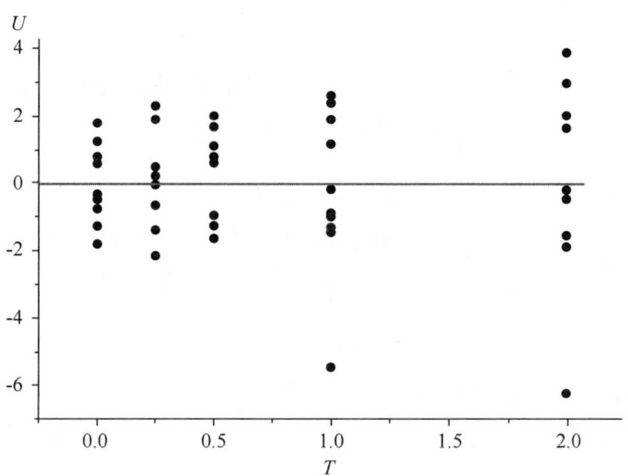

图 5-10　T 水平下 WLS 拟合模型 R 的残差图

(3)已知 $n=50, k_2=1.97$(查表 5-1),则 IDE_0 的计算有:$IDE_0 = LC + k_2 \times \hat{s}(0)/b = 0.511 + 1.97 \times 1.089/5.862 = 0.874$。

(4)已知斜率 $h=0.957$,递归函数的迭代如下:

$IDE_1 = LC + k_2 \times (g + h \times IDE_0)/b = 0.511 + 1.97 \times (1.089 + 0.957 \times 0.874)/5.87 = 1.154$

$IDE_2 = 0.511 + 1.97 \times (1.089 + 0.957 \times 1.154)/5.87 = 1.245$

直至收敛于 $IDE_7 \approx IDE_8 = 1.287$。

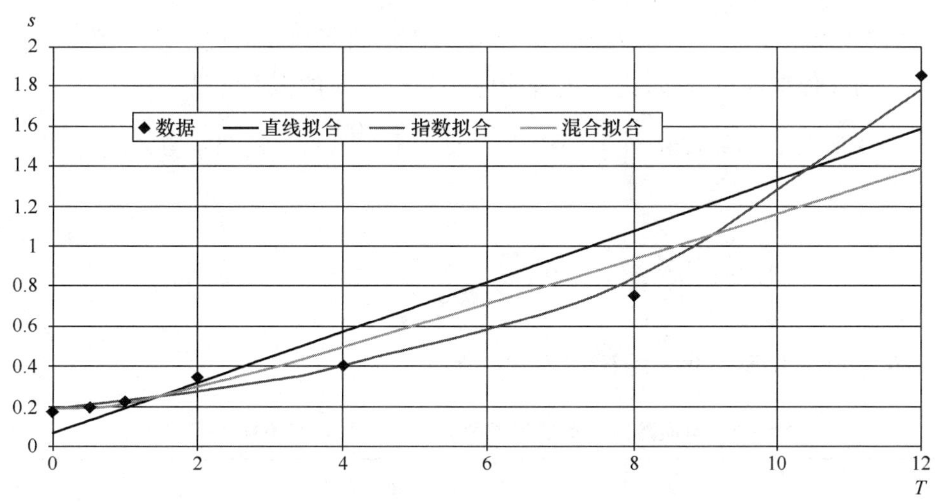

图 5-11　室间的 IDE 数据集 WLS 拟合下的标准差模型选择比较

不同于传统方法的“置信区间”(临界水平仅控制了 α),图 5-11 使用了“容忍区间”来做限定(既控制 α 又控制 β)。

5.3.2 IQE 评定

本示例有 10 个实验室参加了检测方法的 IQE 研究，所研究的浓度水平共有 7 个：0.0μg/L、0.5μg/L、1.0μg/L、2.0μg/L、4.0μg/L、8.0μg/L 和 12.0μg/L。利用式（5－6）和式（5－7）计算，结果见表 5－5（给出了 T 浓度水平下 $n=10$ 的测量）。

表 5－5 IQE 测量报告与统计计算

T	室间结果 y	s	$\hat{s}$	ε	w
0.0	－0.105，0.263，0.293，0.187，0.106，0.329，0.080，0.524，0.278，0.206	0.1728	0.0649	0.1078	237.08
0.5	0.354，0.724，0.682，0.327，0.527，0.868，0.730，0.434，0.794，0.642	0.1931	0.1283	0.0647	60.72
1.0	1.241，0.668，1.200，1.370，1.106，0.964，0.949，1.421，1.032，1.134	0.2270	0.1917	0.0353	27.20
2.0	2.174，2.388，2.153，2.366，2.306，2.309，1.663，2.841，1.933，1.809	0.3447	0.3185	0.0262	9.86
4.0	3.660，3.734，3.167，3.578，4.278，3.383，3.873，4.479，3.919，3.856	0.3995	0.5721	－0.1725	3.06
8.0	6.592，7.520，6.822，7.751，7.771，7.296，8.578，6.863，7.840，8.821	0.7522	1.0792	－0.3270	0.86
12.0	9.496，9.081，13.942，10.547，9.324，13.148，10.994，11.774，12.320，13.521	1.8518	1.5863	0.2655	0.40

表 5－5 中的 OLS 回归有：$g=0.0649$，$h=0.1268$，$p<0.05$，同前图，建议采用直线模型，且 ε 作图不存在明显趋势，表明选择直线模型正确，进入模型 R 的拟合。

利用表 5－3 的 WLS 来拟合模型 R，求得：$a=0.2042$，$b=0.9228$。利用 g 和 h 的估计给出水平下的 $\hat{s}$ 和 w（见表 5－5）。

因模型 R 的失拟不足项检验有 $p>0.05$，再次接受模型 R 的拟合。

因有加权残差值 $u=y-(0.9228+0.2042\times T)$，将系列 u 对应于浓度 T 进行作图分析。类似前图，系列 u 值呈随机分布，进一步表明应接受模型 R 的拟合。

已知 $g=0.0649$，$h=0.1268$，$b=0.9228$，计算 $Z=\frac{100\times h}{b}$，近似获得 Z 值为 20。由此，IQE 的计算有：

$$\mathrm{IQE}_{20\%}=\mathrm{IQE}_{Z\%}=\frac{g}{b\times\frac{Z}{100}-h}=1.123$$

表 5－6 给出了 IDE 和 IQE 的评定比较。

表 5－6 室间数据集标准差模型选择下的 IDE 和 IQE 评定比较

模型	显著性检验 p	平方和 SSR	WLS 拟合回归系数 a/b	标准差模型拟合系数 g/h	LC	IDE	IQE（10%）	IQE（20%）	IQE（30%）
常数	0.0122＜0.05	2.172（max）	0.1874 / 0.9312		2.288	3.929	8.504	4.252	2.835
直线	0.0122＜0.05	0.2249	0.2042 / 0.9928	0.0649 / 0.1268	0.189	0.442		1.123	0.433

续表

模型	显著性检验 p	平方和 SSR	WLS 拟合回归系数 a/b	标准差模型拟合系数 g/h	LC	IDE	IQE		
							IQE (10%)	IQE (20%)	IQE (30%)
指数	0.00002 <0.05	0.0186(min)	0.1998 / 0.9265	0.1885 / 0.1871	0.547	0.982	4.961	1.296	0.785
混合	0.00956 <0.05	0.2605	0.1940 / 0.9306	0.1841 / 0.1146	0.532	0.979		1.255	0.723

表中认为，选用指数模型比较合适，但其拟合要比混合模型复杂得多，故选用混合模型做取代。但混合模型的 IQE 值在 IQE(20%)下要小于常数模型近 4 倍；若与 IQE(10%)下的常数模型比较，要小于近 7 倍。考虑到混合模型的平方和接近于直线模型(常数模型的平方和最大)，由此，本书建议还是选用直线模型具有其合理性和可操作性。

6　综合应用案例

6.1　金属材料力学拉伸性能抗拉强度的测试

实验室共选择了日常接触的 6 种不同板材和管材(包括热轧合金钢板),利用 GB/T 228.1—2010《金属材料　拉伸试验　第 1 部分:室温试验方法》,在 $s_{R'}$ 测量条件下针对每个材料,按随机形式和时间顺序,对各自汇集的抗拉强度(R_m)数据对进行表 6-1 的统计。

表 6-1　6 种材料数据对的抗拉强度(R_m)统计

时序	热轧合金钢板 $n=20$			非合金钢热轧酸洗卷板,$n=12$			方管,$n=15$			热轧无缝合金钢锅炉管,$n=18$ 15NiCuMoNb 5-6-4			热轧合金钢管 $n=16$ ASTM A335 P91			纵向焊接钢管 $n=13$ A672 Gr. B70 CL. 32		
	R_{m1}	R_{m2}	r/%	R_{m1}	R_{m2}	r/%	R_{m1}	R_{m2}	r/%	R_{m1}	R_{m2}	r/%	R_{m1}	R_{m2}	r/%	R_{m1}	R_{m2}	r/%
1	618	613	0.81	462	466	0.86	540	543	0.55	705	703	0.28	705	700	0.71	515	510	0.98
2	643	638	0.78	469	465	0.86	537	532	0.94	708	713	0.70	693	695	0.29	495	499	0.80
3	618	621	0.48	466	469	0.64	549	555	1.09	674	677	0.44	709	706	0.42	503	507	0.79
4	615	620	0.81	462	466	0.86	561	557	0.72	689	687	0.29	693	687	0.87	512	515	0.58
5	639	646	1.09	469	466	0.64	540	543	0.55	691	697	0.86	701	707	0.85	505	508	0.59
6	619	623	0.64	488	483	1.03	544	539	0.92	709	712	0.42	709	698	1.56	511	507	0.79
7	621	618	0.48	457	453	0.88	517	522	0.96	694	705	1.57	689	694	0.72	497	506	1.79
8	615	619	0.65	473	468	1.06	616	621	0.81	702	696	0.86	695	702	1.00	494	499	1.01
9	624	629	0.80	451	455	0.88	549	553	0.73	683	679	0.59	696	706	1.43	508	516	1.56
10	641	636	0.78	481	486	1.03	533	528	0.94	686	695	1.30	688	698	1.44	504	511	1.38
11	626	621	0.80	466	472	1.28	566	572	1.05	677	684	1.03	699	704	0.71	491	497	1.21
12	655	649	0.92	477	482	1.04	578	582	0.69	699	708	1.28	706	711	0.71	514	519	0.97
13	623	628	0.80				536	531	0.94	688	694	0.87	708	702	0.85	493	502	1.81
14	656	663	1.06				589	594	0.85	697	707	1.42	697	691	0.86			
15	611	615	0.65				607	613	0.98	707	715	1.13	696	705	1.28			

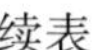

续表

时序	热轧合金钢板 $n=20$			非合金钢热轧酸洗卷板，$n=12$			方管，$n=15$			热轧无缝合金钢锅炉管，$n=18$ 15NiCuMoNb 5-6-4			热轧合金钢管 $n=16$ ASTM A335 P91			纵向焊接钢管 $n=13$ A672 Gr. B70 CL. 32		
	R_{m1}	R_{m2}	$r/\%$	R_{m1}	R_{m2}	$r/\%$	R_{m1}	R_{m2}	$r/\%$	R_{m1}	R_{m2}	$r/\%$	R_{m1}	R_{m2}	$r/\%$	R_{m1}	R_{m2}	$r/\%$
16	616	622	0.97							691	702	1.58	710	703	0.99			
17	661	658	0.45							688	698	1.44						
18	685	679	0.88							711	703	1.13						
19	642	638	0.63															
20	677	671	0.89															
均值	0.8			0.9			0.8			1.0			0.9			1.1		
上限	2.5			3.0			2.8			3.1			3.0			3.6		
AD	$A_s=0.407$ $A_{MR}=0.481$			$A_s=0.507$ $A_{MR}=0.514$			$A_s=0.475$ $A_{MR}=0.442$			$A_s=0.326$ $A_{MR}=0.554$			$A_s=0.528$ $A_{MR}=0.888$			$A_s=0.506$ $A_{MR}=1.140$		

注：$r/\% = |R_{m1}-R_{m2}|/[(R_{m1}+R_{m2})/2]$。

表中给出了6种材料各自的测量次数（建议汇集15个以上的数据对），要求后续数据对的 $r\%$ 结果必须落在各自的上限范围内视为有效。经AD统计的系列 $r\%$ 结果均小于0.752，似乎预示95%概率下的原假设成立。但进一步观察发现，纵向焊接钢管（A672 Gr. B70 CL. 32）材料的两个AD统计量未具一致性，尤其给出了 $A_{MR}^{2*}=1.140$，由此怀疑该管材的测量结果能否接受随机变异影响的假定。进一步对该管材系列 $r\%$ 结果绘制Q-Q正态概率作图描述（见图6-1），通过与理论分布的 z 值分位数比较（见附录A表A.1），以目测判断数据的直线拟合是否来自于同一分布。

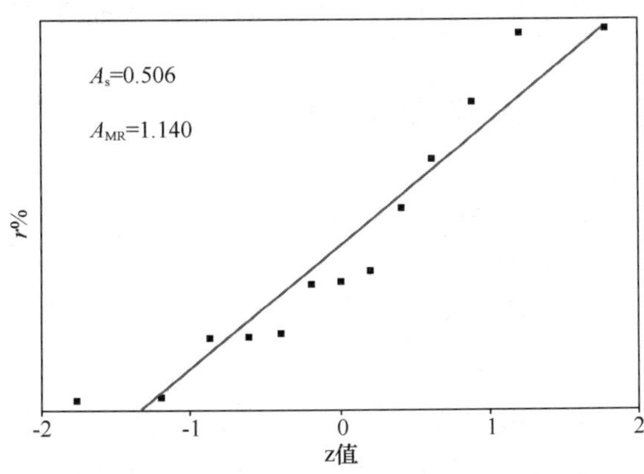

图6-1 “纵向焊接钢管”系列 $r\%$ 结果的Q-Q正态概率图

图 6－2(I/EWMA/MR)是图 6－1 的进一步分析，见式(3－5)～式(3－8)。两个图都显示出漂移的趋势现象，怀疑测量系统是否处于统计受控状态。但实验室经过严谨的技术调查后并未找到明显的确凿原因，考虑到“纵向焊接钢管”数据的有限，除了继续加强该系统的后续监控，以免导致最终检验的误判外，表中的标准差合并就暂时不考虑该材料的贡献。

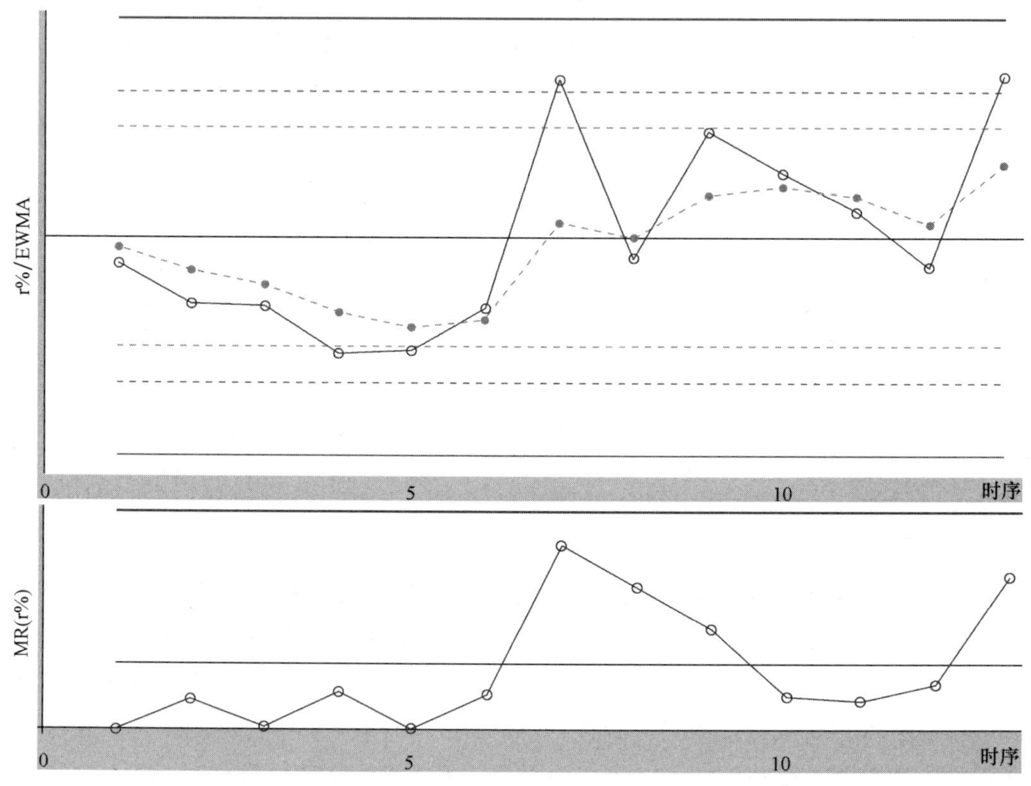

图 6－2 “纵向焊接钢管”系列 $r\ \%$ 结果的 I/EWMA/MR 作图

GB/T 228.1 中提示到，目前还不能准确地确定拉伸试验的各种性能测定的准确度值。鉴于获取 RM 的局限性，所以，对于金属材料力学抗拉性能的研究，实验室重点关注了试验机和试样加工的统计受控。

实验室对表中“热轧无缝合金钢锅炉管”和“热轧合金钢板”两者之间的变异做了 F 比检验：

$$F = \frac{(1.0/1.128)^2}{(0.8/1.128)^2} = 1.56 < F_{0.025}(17,19) = 2.57$$

表中 5 个材料各自 $r\ \%$ 平均结果经统计合并的加权平均为 0.88 %，则不同基体材料给出的变异 $s_r\% = 0.88\% / 1.128 = 0.78\%$。

已知表中给出的变异 $s_{R'\%} = 0.95\%$，在忽略了 s_{ARV} 的前提下，决定选用第 I 类错误概率($\alpha = 0.05$)来建立测量结果给出的不确定度区间，则 5 种材料测量系统的 $u(y)$ 估计值为：

$$u(y)\% = \sqrt{(0.95)^2 + (0.78)^2} = 1.51\%$$

上述的不确定度估计未超出 GB/T 228.1 的性能，证明表中近似基体不同水平材料的精密度达到了预期目的。

本着持续改进和不断完善的 QC 原则,实验室随时对给出的不确定度进行调整和改正,继续实施后续测量系统的动态监控。

6.2　室内环境污染源人造板游离甲醛的测定

人造板材是室内装饰的主要材料,其释放的游离甲醛又是室内环境的主要污染物,通常执行 GB/T 17657—1999《人造板及饰面人造板理化性能试验方法》的穿孔萃取法,计算公式为:

$$E = \frac{(A_s - A_b) \times f \times (100 + H) \times V}{M_0}$$

式中:E——每 100g 试件释放甲醛毫克数(mg/100g);

f——标准曲线斜率;

A_s——待测液的吸光度;

A_b——蒸馏水的吸光度;

H——试件含水率(%);

M_o——萃取试验的试件质量(g);

V——容量瓶体积(2000mL)。

实验室 A、实验室 B 和实验室 C 参加了本案例的研究。该 3 个实验室近期顺利通过了上级组织的人造板材甲醛释放量的 PT 实验,参加实验室 69 个,最终解析为:中位值 =6.70,s(IQR)=0.52。

3 个实验室经协商后,决定选用基体和水平接近于 PT 所用材料的一批板材,将其视为共用的质控试件,各自开展 IQC 活动,其中的实验室 B 为业内承认的权威实验室。考虑到采用仲裁方法的复杂性,且缺乏合适标准试件进行跟踪监控,故决定采用式(4-7)和式(4-8)的 h/k 一致性统计,并参考上述 PT 给出的技术指标以及 Horwitz 幂函数式,来完成质量保证和不确定度评定。

在 $s_{R'}$ 测量条件下,实验室采用上述共用板材的质控试件,以盲样形式混入到日常的检测工作中,一并对游离甲醛进行测定。IQC 活动共实施了 1 个月(每周 5 天),每天每个实验室提交两个独立样本数据,按时间顺序各自共提供 20 个数据对。详见表 6-2。

各个实验室由不同人次参与了每天和每周的随机试验。通常情况下,初始阶段质控活动的控制限设定可不必苛刻,但为了对甲醛释放量进行严格监控以便后续留有余地,则设定的控制限为 95% 的概率,用来随时动态跟踪监控组内和组间的系统整个变异。

因表中的系列数据的变异呈同方差,则有变换值 $d=(x_1-x_2)$,随后对 3 个实验室的 d 值分别进行了 AD 数据解析。

表中给出的 3 个 A_s^{2*} 均小于 95% 概率下的临界,实验室的正态性原假设似乎均成立。进一步需利用 h/k 一致性统计来做调查研究(95% 概率:h/k 临界 =1.57/1.82;99% 概率:h/k 临界 =1.72/2.06),详见表 6-3。

表 6 - 2　3 个实验室第一月内系列结果的 AD 正态性统计

周	天	实验室 A						实验室 B						实验室 C					
		x_1	x_2	均值	d_i	p_i	AD_i	x_1	x_2	均值	d_i	p_i	AD_i	x_1	x_2	均值	d_i	p_i	AD_i
1	1	7.6	8.1	7.9	0.354	-0.22	-5.78	7.7	8.4	8.1	0.10	0.870	-6.17	8.2	8	8.1	0.18	0.635	-5.84
	2	7.8	8.4	8.1	0.424	0.03	-15.95	8.2	7.6	7.9	-0.05	0.287	-15.37	9.5	7.8	8.7	0.73	0.922	-15.27
	3	8.2	8.5	8.4	0.212	0.28	-20.60	7.6	8.4	8.0	0.05	0.713	-20.39	7.4	7.4	7.4	-0.52	0.154	-23.67
	4	7.9	8.2	8.1	0.212	-0.02	-28.84	8.2	7.6	7.9	-0.05	0.287	-28.54	8.6	7.5	8.1	0.13	0.598	-27.35
	5	8.1	8.4	8.3	0.212	0.18	-30.78	7.5	8.3	7.9	-0.05	0.287	-29.59	9.0	6.8	7.9	-0.02	0.483	-29.89
2	1	8.3	8.5	8.4	0.141	0.33	-33.97	7.4	8.3	7.9	-0.10	0.130	-27.48	9.1	8.3	8.7	0.78	0.935	-30.73
	2	8.1	7.9	8.0	0.141	-0.07	-36.41	8.2	7.5	7.9	-0.10	0.130	-32.47	9.4	8.1	8.8	0.83	0.947	-34.79
	3	8.2	8.4	8.3	0.141	0.23	-26.84	8.4	7.8	8.1	0.15	0.954	-37.47	8.8	8.2	8.5	0.58	0.870	-36.92
	4	8.2	7.8	8.0	0.283	-0.07	-27.31	8.3	7.4	7.9	-0.10	0.130	-33.02	8.6	7.8	8.2	0.28	0.706	-29.31
	5	8.4	8.1	8.3	0.212	0.18	-27.65	8.3	7.6	8.0	0.00	0.500	-36.90	9.3	7.5	8.4	0.48	0.824	-26.36
3	1	8.3	8.6	8.5	0.212	0.38	-30.56	7.5	8.3	7.9	-0.05	0.287	-21.65	8.9	7.6	8.3	0.33	0.738	-29.14
	2	8.1	7.7	7.9	0.283	-0.17	-28.56	7.8	8.3	8.1	0.10	0.870	-23.72	7.8	7.9	7.9	-0.07	0.444	-25.31
	3	8.5	8.2	8.4	0.212	0.28	-26.55	7.5	8.3	7.9	-0.05	0.287	-16.90	8.1	7.0	7.6	-0.37	0.234	-18.00
	4	7.9	7.8	7.9	0.071	-0.22	-15.59	7.4	8.2	7.8	-0.15	0.046	-18.25	7.9	6.7	7.3	-0.62	0.113	-16.61
	5	8.2	7.7	8.0	0.354	-0.12	-13.93	7.7	8.3	8.0	0.05	0.713	-19.60	7.8	7.3	7.6	-0.37	0.234	-16.52
4	1	7.8	7.7	7.8	0.071	-0.32	-12.65	8.2	7.9	8.1	0.10	0.870	-14.80	8.0	7.0	7.5	-0.42	0.205	-13.12
	2	7.7	8.1	7.9	0.283	-0.17	-9.23	7.8	8.1	8.0	0.00	0.500	-9.21	8.0	6.5	7.3	-0.67	0.095	-10.13
	3	7.8	8.2	8.0	0.283	-0.07	-9.79	8.2	8.0	8.1	0.15	0.954	-9.76	8.8	7.0	7.9	-0.02	0.483	-7.03
	4	7.7	8.3	8.0	0.424	-0.07	-5.38	8.3	7.5	7.9	-0.05	0.287	-6.89	8.4	6.7	7.6	-0.37	0.234	-6.17
	5	7.6	7.9	7.8	0.212	-0.32	-4.63	7.7	8.3	8.0	0.05	0.713	-3.65	7.5	6.7	7.1	-0.82	0.054	-4.32
A_s^{2*}							0.572						0.617						0.339

注：$d=(x_1-x_2)$；p_i表示为正态概率值；AD_i表示为$(2i-1)[\ln(p_i)+\ln(1-p_{n+1-i})]$

表 6－3　3 个实验室第一月内系列结果的 h/k 一致性统计

周	天	实验室 A						实验室 B						实验室 C					
		x_1	x_2	均值	s	h	k	x_1	x_2	均值	s	h	k	x_1	x_2	均值	s	h	k
1	1	7.6	8.1	7.9	0.354	−1.01	1.38	7.7	8.4	8.1	0.495	1.13	1.03	8.2	8	8.1	0.141	0.35	0.16
	2	7.8	8.4	8.1	0.424	0.12	1.65	8.2	7.6	7.9	0.424	−0.56	0.88	9.5	7.8	8.7	1.202	1.42	1.38
	3	8.2	8.5	8.4	0.212	1.26	0.83	7.6	8.4	8.0	0.566	0.56	1.18	7.4	7.4	7.4	0.000	−1.02	0.00
	4	7.9	8.2	8.1	0.212	−0.10	0.83	8.2	7.6	7.9	0.424	−0.56	0.88	8.6	7.5	8.1	0.778	0.25	0.90
	5	8.1	8.4	8.3	0.212	0.81	0.83	7.5	8.3	7.9	0.566	−0.56	1.18	9.0	6.8	7.9	1.556	−0.04	1.79
2	1	8.3	8.5	8.4	0.141	1.49	0.55	7.4	8.3	7.9	0.636	−1.13	1.33	9.1	8.3	8.7	0.566	1.52	0.65
	2	8.1	7.9	8.0	0.141	−0.33	0.55	8.2	7.5	7.9	0.495	−1.13	1.03	9.4	8.1	8.8	0.919	1.61	1.06
	3	8.2	8.4	8.3	0.141	1.03	0.55	8.4	7.8	8.1	0.424	1.69	0.88	8.8	8.2	8.5	0.424	1.13	0.49
	4	8.2	7.8	8.0	0.283	−0.33	1.10	8.3	7.4	7.9	0.636	−1.13	1.33	8.6	7.8	8.2	0.566	0.54	0.65
	5	8.4	8.1	8.3	0.212	0.81	0.83	8.3	7.6	8.0	0.495	0.00	1.03	9.3	7.5	8.4	1.273	0.93	1.47
3	1	8.3	8.6	8.5	0.212	1.71	0.83	7.5	8.3	7.9	0.566	−0.56	1.18	8.9	7.6	8.3	0.919	0.64	1.06
	2	8.1	7.7	7.9	0.283	−0.78	1.10	7.8	8.3	8.1	0.354	1.13	0.74	7.8	7.9	7.9	0.071	−0.14	0.08
	3	8.5	8.2	8.4	0.212	1.26	0.83	7.5	8.3	7.9	0.566	−0.56	1.18	8.1	7.0	7.6	0.778	−0.73	0.90
	4	7.9	7.8	7.9	0.071	−1.01	0.28	7.4	8.2	7.8	0.566	−1.69	1.18	7.9	6.7	7.3	0.849	−1.21	0.98
	5	8.2	7.7	8.0	0.354	−0.56	1.38	7.7	8.3	8.0	0.424	0.56	0.88	7.8	7.3	7.6	0.354	−0.73	0.41
4	1	7.8	7.7	7.8	0.071	−1.46	0.28	8.2	7.9	8.1	0.212	1.13	0.44	8.0	7.0	7.5	0.707	−0.82	0.81
	2	7.7	8.1	7.9	0.283	−0.78	1.10	7.8	8.1	8.0	0.212	0.00	0.44	8.0	6.5	7.3	1.061	−1.31	1.22
	3	7.8	8.2	8.0	0.283	−0.33	1.10	8.2	8.0	8.1	0.141	1.69	0.29	8.8	7.0	7.9	1.273	−0.04	1.47
	4	7.7	8.3	8.0	0.424	−0.33	1.65	8.3	7.5	7.9	0.566	−0.56	1.18	8.4	6.7	7.6	1.202	−0.73	1.38
	5	7.6	7.9	7.8	0.212	−1.46	0.83	7.7	8.3	8.0	0.424	0.56	0.88	7.5	6.7	7.1	0.566	−1.60	0.65
总平均			8.1						8.0						7.9				
$s_{均值}$			0.220						0.089						0.513				
s_r				0.256						0.480						0.868			
$s_{R'}$			0.285						0.351						0.800				
$RSD_{R'}$			3.5%						4.4%						10.1%				

从表中可以发现，在95%概率下，3个实验室偏倚的 h 值略显不足。总体来看，精密度的 k 值比较理想。另外，3个实验室各自统计给出的 s_r 和 $s_{R'}$ 结果比较接近，但实验室 C 的 s_r 值却大于 $s_{R'}$，表明其组内的变异不好，导致 $s_{R'}$ 统计要大于另两个实验室的统计值。

但上述两个表均表明，实验室内部质控处于受控状态，且3个实验室均参加了甲醛释放量的 PT 试验，即其提交的结果均 < $|Z|=2$，表明偏倚处于受控。鉴于两个表中的统计检验均基于较为苛刻的95%概率限，则认为3个实验室在第一个月内的甲醛释放量监控结果基本处于统计上的稳定状态。

因实验室 B 为业内承认的权威实验室，故实验室 A 和实验室 C 应向实验室 B 系统的性能靠拢，即与实验室 B 给出的数据一一形成系列对差，再做进一步受控检验，见表6-4。

表6-4　与实验室 B 的室间比对统计检验

时序/周	时序/天	实验室 A				实验室 B			实验室 C			
		x_1	x_2	均值	差值	x_1	x_2	均值	x_1	x_2	均值	差值
1	1	7.6	8.1	7.9	-0.20	7.7	8.4	8.1	8.2	8	8.1	0.05
	2	7.8	8.4	8.1	0.20	8.2	7.6	7.9	9.5	7.8	8.7	0.75
	3	8.2	8.5	8.4	0.35	7.6	8.4	8.0	7.4	7.4	7.4	-0.60
	4	7.9	8.2	8.1	0.15	8.2	7.6	7.9	8.6	7.5	8.1	0.15
	5	8.1	8.4	8.3	0.35	7.5	8.3	7.9	9.0	6.8	7.9	0.00
2	1	8.3	8.5	8.4	0.55	7.4	8.3	7.9	9.1	8.3	8.7	0.85
	2	8.1	7.9	8.0	0.15	8.2	7.5	7.9	9.4	8.1	8.8	0.90
	3	8.2	8.4	8.3	0.20	8.4	7.8	8.1	8.8	8.2	8.5	0.40
	4	8.2	7.8	8.0	0.15	8.3	7.4	7.9	8.6	7.8	8.2	0.35
	5	8.4	8.1	8.3	0.30	8.3	7.6	8.0	9.3	7.5	8.4	0.45
3	1	8.3	8.6	8.5	0.55	7.5	8.3	7.9	8.9	7.6	8.3	0.35
	2	8.1	7.7	7.9	-0.15	7.8	8.3	8.1	7.8	7.9	7.9	-0.20
	3	8.5	8.2	8.4	0.45	7.5	8.3	7.9	8.1	7.0	7.6	-0.35
	4	7.9	7.8	7.9	0.05	7.4	8.2	7.8	7.9	6.7	7.3	-0.50
	5	8.2	7.7	8.0	-0.05	7.7	8.3	8.0	7.8	7.3	7.6	-0.45
4	1	7.8	7.7	7.8	-0.30	8.2	7.9	8.1	8.0	7.0	7.5	-0.55
	2	7.7	8.1	7.9	-0.05	7.8	8.1	8.0	8.0	6.5	7.3	-0.70
	3	7.8	8.2	8.0	-0.10	8.2	8.0	8.1	8.8	7.0	7.9	-0.20
	4	7.7	8.3	8.0	0.10	8.3	7.5	7.9	8.4	6.7	7.6	-0.35
	5	7.6	7.9	7.8	-0.25	7.7	8.3	8.0	7.5	6.7	7.1	-0.90
总平均					0.123							-0.028
$s_{R'}$				0.285	0.255			0.351			0.800	0.536
F 检验				1.51							5.21	
t 检验					0.68							0.07

表 6－4 中的统计检验如下。

实验室 A/实验室 B：

$$F = \frac{(0.351)^2}{(0.285)^2} = 1.51 < F_{0.025}(19,19) = 2.53$$

$$t = \frac{\sqrt{20} \times 0.123}{0.255} = 2.16 < t_{0.01}(19) = 2.86$$

实验室 C/实验室 B：

$$F = \frac{(0.868)^2}{(0.351)^2} = 6.14 > F_{0.025}(19,19) = 2.53$$

$$t = \frac{\sqrt{20} \times |-0.028|}{0.536} = 1.04 < t_{0.01}(19) = 2.86$$

因实验室 C 与实验室 B 的结果非来自于同一个总体，故决定利用式(3－10)，仅对实验室 A 和实验室 B 进行标准差合并：

$$s_c = \sqrt{\frac{19\ (0.285)^2 + 19\ (0.351)^2}{20 + 20 - 2}} \approx 0.32$$

实验室 A 和实验室 B 经斟酌后，认为上述给出的 $s_{R'} = 0.32$ 合理地代表了近期 1 个月测量过程的系统实际性能，其 $RSD_{R'} = 4.0\%$ 小于 PT 实验给出的 7.8%、以及 Horwitz 幂函数式的 $RSD_R = 2C^{-0.15} = 8.4\%$（$C$ 值取 PT 实验给出的 6.70mg/100g），故决定 $s_{R'} = 0.32$ 视为两个实验室近期共用的标准不确定度估计值。

至于实验室 C，尽管其系列 d 值有 $A_s^{2^*} = 0.339$，但给出的性能却与 $s_{R'} = 0.32$ 有较大差异，究其原因在于实验室 C 的组内和组间变异控制得不好，这从其给出的控制图分析中足以说明征兆所在(见图 6－3)。

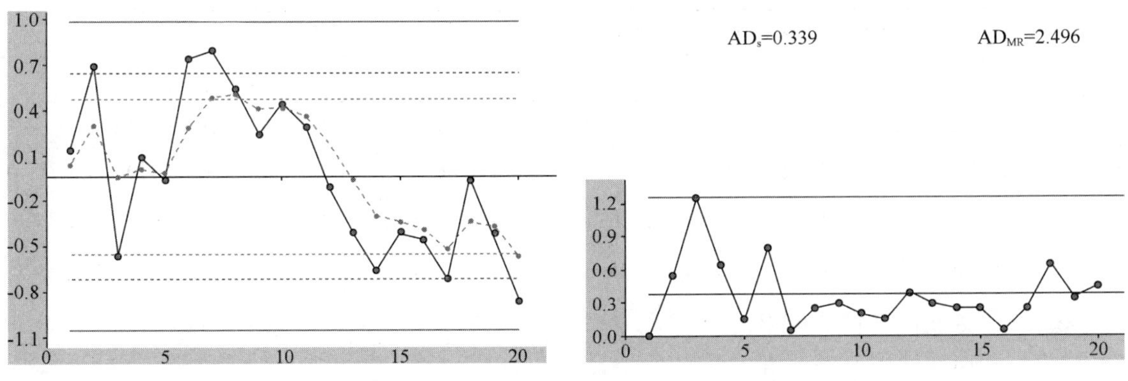

图 6－3　实验室 C 测量系统的 I/MR 作图

无论是从上表还是下图中，均可以发现实验室 C 的系列数据存在严重的趋势和系统图形（尽管在表中的 k 值没有发现问题），且有佐证 $A_{MR}^{2^*} = 2.496$。由于独立性存在较严重的问题，很难接受测量系统呈正态性的假设。这给实验室 C 提了一个醒,不能侥幸地利用平差来获得 h 值,应力求每次提交结果的有效性。

建议实验室 C 应加强 IQC 活动,进一步持续跟踪监控,随时调整和修正来完善模型的更新,然后再与实验室 B 进行比较,确定是否接受正态总体的假设检验,以求共同的不确定度估计值。

6.3 营养液中栽培的薄荷植株茎生长实验的室内研究

当观察变量存在个体变异中,就需对其进行实验设计和误差控制。这种设计安排是建立在最小资源换取最多资料的原则下,来控制实验条件和排除非实验因素的干扰,有助于通过统计分析将处理因素的效应分离出来。

当在一个实验单元内做了多次观测时,就有必要区分抽样误差(单元内各次观测不一致性的度量)和实验误差(单元间各样本之间的变差,即涉及材料、环境和操作过程的变差)。应注重于完全随机化,确保受试对象的每种处理以均等机会分配到任一实验单元,否则会使观测值呈非独立的随机变量特性,以及无法正确测定处理平均数间的真实差异,导致无法有效度量误差的估计而使最终显著性检验无效。

本案例基于上述原则,利用方差分析来考察营养液中栽培薄荷一周内茎的生长高度。考虑到无先验信息和方法可依据,研究人员针对抽样单元上处理效应进行度量,进而对较大范围的总体进行有价值推断。

研究人员在温室内,把一大群的植株随机分植在各盆中,每盆 4 株,形成了实验单元。将日照时间和温室夜间温度的各项处理随机地分配在各盆上,每种处理 3 盆。详见表 6 – 5。

表 6 – 5 薄荷植株一周内茎的生成高度实验

植株编号	温室内夜间温度(低)的日照时数/h									温室内夜间温度(高)的日照时数/h								
	8			12			16			8			12			16		
	盆 1	盆 2	盆 3	盆 1	盆 2	盆 3	盆 1	盆 2	盆 3	盆 1	盆 2	盆 3	盆 1	盆 2	盆 3	盆 1	盆 2	盆 3
1	3.5	2.5	3.0	5.0	3.5	4.5	5.0	5.5	5.5	8.5	6.5	7.0	6.0	6.0	6.5	7.0	6.0	11.0
2	4.0	4.5	3.0	5.5	3.5	4.0	4.5	6.0	4.5	6.0	7.0	7.0	5.5	8.5	6.5	9.0	7.0	7.0
3	3.0	5.5	2.5	4.0	3.0	4.0	5.0	5.0	6.5	9.0	8.0	7.0	3.5	4.5	8.5	8.5	7.0	9.0
4	4.5	5.0	3.0	3.5	4.0	5.0	4.5	5.0	5.5	8.5	6.5	7.0	7.0	7.5	7.5	8.5	7.0	8.0
平均值	3.7			4.1			5.2			7.3			6.5			7.9		
标准差	1.008			0.742			0.620			0.937			1.499			1.362		

本实验用随机数字表来安排实验。表中 18 个实验单元接受各自 4 次重复的三种处理,对这些实验单元的顺序,按随机数字顺次编定 18 个号码,见表 6 – 6。

表 6－6　随机数字表

编号	随机数字																	
	1	2	3	4	5	6	7	8	9	10	11	12	13	14	15	16	17	18
1	03	97	16	12	55	16	84	63	33	57	18	26	23	52	37	70	56	99
2	47	74	76	56	59	22	42	01	21	60	18	62	42	36	85	29	62	49
3	43	24	62	85	56	77	17	63	12	86	07	38	40	28	94	17	18	57
4	73	67	27	99	35	94	53	78	34	32	92	97	64	19	35	12	37	22
5	89	62	66	26	64	39	31	59	29	44	46	75	74	95	12	13	35	77

从表 6－6 的最下行第 1 列开始取 18 个随机数字，编上秩次数（见表 6－7）。

表 6－7　随机数字的秩次数

随机数字	秩次数	随机数字	秩次数	随机数字	秩次数	随机数字	秩次数	随机数字	秩次数	随机数字	秩次数
89	17	26	3	31	5	44	8	74	14	13	2
62	11	64	12	59	10	46	9	95	18	35	6
66	13	39	7	29	4	75	15	12	1	77	16

表中的头 4 个（17，11，13，3）是配制处理 1 的实验单元编号，其余类推，由此获得数据集的布局。经过一周观察，从个体植株上获得数据求得其茎生长的高度（cm）。

另外，研究人员发现，表中水平下的标准差呈齐性（$p > 0.05$），表明数据无需变换，见图 6－4。

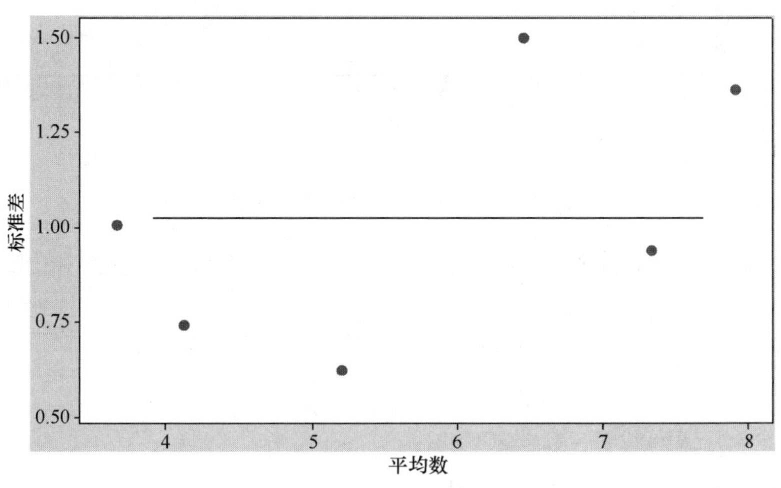

图 6－4　水平下的等方差

研究人员根据式（3－3）和式（3－5），对表中的数据集进行了预处理计算（详见表 6－8），随后实施了 AD 检验和正态概率绘图(见图 6－5,并有 $A_s^{2*} < 0.752$)。

表 6－8　薄荷植株茎生成高度的预处理结果

温室内夜间温度(低)的日照时数/h									温室内夜间温度(高)的日照时数/h								
8			12			16			8			12			16		
盆 1	盆 2	盆 3	盆 1	盆 2	盆 3	盆 1	盆 2	盆 3	盆 1	盆 2	盆 3	盆 1	盆 2	盆 3	盆 1	盆 2	盆 3
-0.2	-1.2	-0.7	0.9	-0.6	0.4	-0.2	0.3	0.3	1.2	-0.8	-0.3	-0.5	-0.5	0.0	-0.9	-1.9	3.1
0.3	0.8	-0.7	1.4	-0.6	-0.1	-0.7	0.8	-0.7	-1.3	-0.3	-0.3	-1.0	2.0	0.0	1.1	-0.9	-0.9
-0.7	1.8	-1.2	-0.1	-1.1	-0.1	-0.2	-0.2	1.3	1.7	0.7	-0.3	-3.0	-2.0	2.0	0.6	-0.9	1.1
0.8	1.3	-0.7	-0.6	-0.1	0.9	-0.7	-0.2	0.3	1.2	-0.8	-0.3	0.5	1.0	1.0	0.6	-0.9	0.1

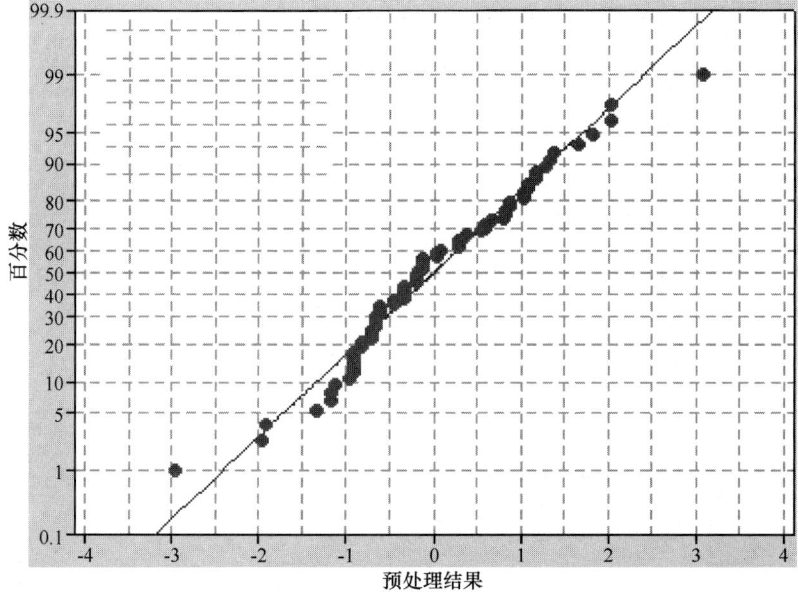

图 6－5　预处理结果的正态概率图

针对表中的数据集进行了样本数的方差分析,并给出以下各项平方和(SS)的计算(见表 6－9):

(1)修正项 $C = (\sum 合)^2 / (4 \times 3 \times 6) = 2409.34$;

(2)总 SS $= \sum X^2 - C = 255.91$;

(3)盆间 SS $= \sum (合)^2/4 - C = 205.48$;

(4)处理项 SS $= \sum (X)^2/(4 \times 3) = 179.64$;

(5)实验误差的各盆间 SS $= 205.48 - 179.64 = 25.83$

(6)抽样误差的盆内观测 SS $= 255.91 - 205.48 = 50.44$。

表 6－9　薄荷植株茎生成高度的方差分析

植株编号	温室内夜间温度(低)的日照时数/h									温室内夜间温度(高)的日照时数/h								
	8			12			16			8			12			16		
	盆 1	盆 2	盆 3	盆 1	盆 2	盆 3	盆 1	盆 2	盆 3	盆 1	盆 2	盆 3	盆 1	盆 2	盆 3	盆 1	盆 2	盆 3
1	3.5	2.5	3.0	5.0	3.5	4.5	5.0	5.5	5.5	8.5	6.5	7.0	6.0	6.0	6.5	7.0	6.0	11.0
2	4.0	4.5	3.0	5.5	3.5	4.0	4.5	6.0	4.5	6.0	7.0	7.0	5.5	8.5	6.5	9.0	7.0	7.0
3	3.0	5.5	2.5	4.0	3.0	4.0	5.0	5.0	6.5	9.0	8.0	7.0	3.5	4.5	8.5	8.5	7.0	9.0
4	4.5	5.0	3.0	3.5	4.0	5.0	4.5	5.0	5.5	8.5	6.5	7.0	7.0	7.5	7.5	8.5	7.0	8.0
实验单元合	15.0	17.5	11.5	18.0	14.0	17.5	19.0	21.5	22.0	32.0	28.0	28.0	22.0	26.5	29.0	33.0	27.0	35.0
处理项合	44.0			49.5			62.5			88.0			77.5			95.0		
平均数	3.7			4.1			5.2			7.3			6.5			7.9		

变差来源	盆间	处理项	实验误差	抽样误差	总计
自由度	17	5	12	54	71
平方和	205.48	179.64	25.83	50.44	255.91
均方		35.93	2.15	0.93	
F 比	(处理项)/(实验误差) = 16.69 > F 临界,(实验误差)/(抽样误差) = 2.30 > F 临界				

从表 6－9 中的分析可以看到,不同盆栽有不同植株,即用来度量的抽样误差也涵盖在盆间的变差中。用表中的方差分析,有证据表明日照对植株茎生长的影响显著,且盆内的抽样误差小于盆间的实验误差。

从表 6－9 中得知,

处理平均数的标准误有:

$$s=\sqrt{\frac{2.15}{12}}=0.42(\mathrm{cm})$$

两处理平均数的差值标准误有:

$$s=\sqrt{\frac{2\times 2.15}{12}}=0.60(\mathrm{cm})$$

因实验误差包含了两个变差的来源,均对处理平均数间的方差有贡献。所以,由表 6－9 中均方估计的不确定度为:

$$u=\sqrt{\frac{2.15-0.93}{4}}=0.55(\mathrm{cm})$$

6.4　客户投诉响应的量化监控

CNAS－CL01—2006《检测和校准实验室能力认可准则》对服务客户和投诉都有要求,实验室应有政策和程序处理来自客户方面的投诉,应保存实验室针对投诉所开展的调查和纠正措施的记录。鉴于此,某综合检测中心在 1 个月的时间内,利用电话对客户的满意度进行了调查,并对这些结果进行了 AD 统计监控,详见表 6－10。

表 6－10　客户投诉响应的设计与统计

时间/天	电话次数 n	投诉次数 X_i	比例响应 p	控制限 LCL	CL	UCL	p 标准值 z	一致性统计 h	AD 统计 正态概率	升序	降序	AD_i
1	25	5	0.20	0.003	0.269	0.535	－0.78	－0.57	0.286	0.053	0.984	－7.054
2	34	7	0.21	0.041	0.269	0.497	－0.83	－0.52	0.302	0.079	0.898	－14.474
3	56	14	0.25	0.091	0.269	0.447	－0.32	－0.16	0.438	0.105	0.894	－22.460
4	43	7	0.16	0.066	0.269	0.472	－1.57	－0.87	0.192	0.143	0.867	－27.736
5	36	13	0.36	0.047	0.269	0.491	1.25	0.75	0.775	0.151	0.867	－35.202
6	42	17	0.40	0.064	0.269	0.474	1.98	1.11	0.867	0.191	0.786	－35.212
7	21	3	0.14	－0.021	0.269	0.559	－1.30	－1.03	0.151	0.192	0.775	－40.838
8	24	8	0.33	－0.003	0.269	0.541	0.71	0.53	0.701	0.286	0.727	－38.288
9	36	5	0.14	0.047	0.269	0.491	－1.76	－1.07	0.143	0.302	0.701	－40.854
10	29	9	0.31	0.022	0.269	0.516	0.50	0.34	0.633	0.342	0.633	－39.385
11	41	15	0.37	0.061	0.269	0.477	1.40	0.79	0.786	0.385	0.593	－38.950
12	35	12	0.34	0.044	0.269	0.494	0.99	0.61	0.727	0.438	0.473	－33.733
13	34	18	0.53	0.041	0.269	0.497	3.42	2.13	0.984	0.473	0.438	－33.106
14	37	6	0.16	0.050	0.269	0.488	－1.47	－0.88	0.191	0.593	0.385	－27.211
15	41	9	0.22	0.061	0.269	0.477	－0.71	－0.41	0.342	0.633	0.342	－25.438
16	42	17	0.40	0.064	0.269	0.474	1.98	1.11	0.867	0.701	0.302	－22.178
17	43	5	0.12	0.066	0.269	0.472	－2.26	－1.25	0.105	0.727	0.286	－21.607
18	23	6	0.26	－0.008	0.269	0.546	－0.09	－0.07	0.473	0.775	0.192	－16.389
19	38	16	0.42	0.053	0.269	0.485	2.11	1.25	0.894	0.786	0.191	－16.717
20	47	14	0.30	0.075	0.269	0.463	0.45	0.24	0.593	0.867	0.151	－11.926
21	30	7	0.23	0.026	0.269	0.512	－0.44	－0.29	0.385	0.867	0.143	－12.179
22	42	3	0.07	0.064	0.269	0.474	－2.89	－1.62	0.053	0.894	0.105	－9.619
23	33	14	0.42	0.037	0.269	0.501	2.01	1.27	0.898	0.898	0.079	－8.526
24	31	3	0.10	0.030	0.269	0.508	－2.16	－1.41	0.079	0.984	0.053	－3.320
均值			0.269					0.000			Σ	－582.40
s(均值)			0.122					1.000			A_s^{2*}	0.276
s(IQR)			0.069									

针对表 6－10 中的资料汇集，进行接受或拒收的两种概率观察测定。

方法规定了打电话的次数(n)和不满意的反馈响应次数(X_i)，电话调查的投诉结果可视为比例响应(p)。鉴于观察结果属于数学二项分布，则表中的 p 值控制限计算来自于理论方差 $\bar{p} \pm 3\sqrt{\frac{\bar{p} \times (1-\bar{p})}{n}}$。$z$ 值属于 p 值的标准化结果，类似于 h 值的计算，其控制限有 CL＝0 和 LCL(UCL)＝－3(3)。但若采用 Robust 计算，得出的标准差要小理论值和实际值。

图 6－6 和图 6－7 分别给出了 p 值和 z 值的作图分析，从中都可以发现第 13 天的电话反馈响应出现失控现象，这也从表 6－10 中其对应的 h＝2.13 反映出来。

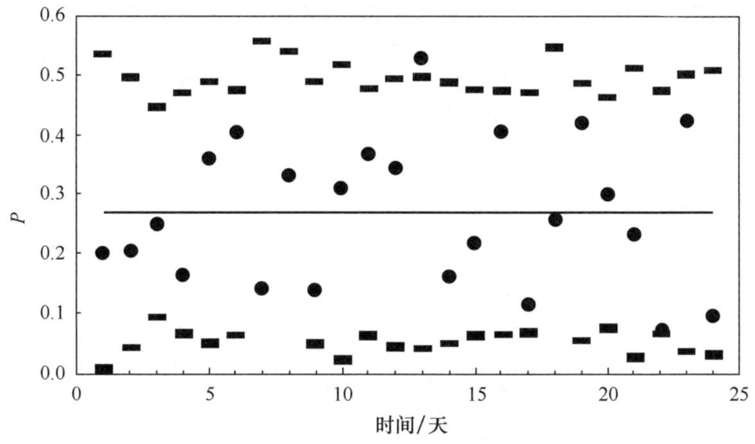

图 6－6　p 值作图分析

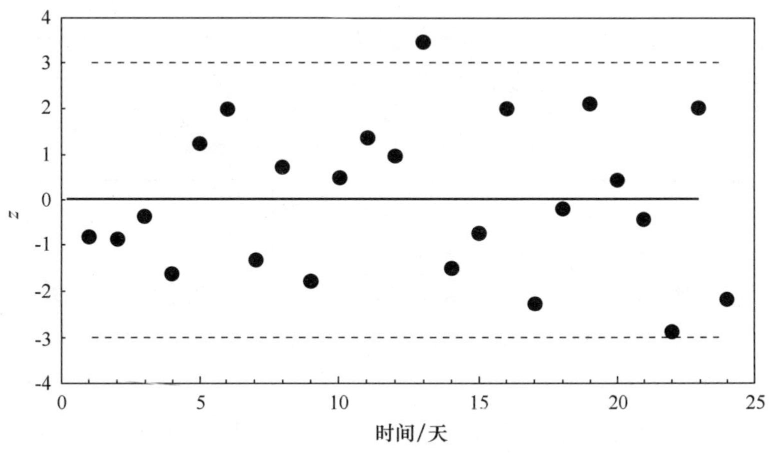

图 6－7　z 值作图分析

尽管如此，表 6－10 中的数据集却呈现了 95% 概率下的正态分布情况，有 A_s^{2*}＝0.276，表明反馈的客户投诉系统处于受控状态。对第 13 天的"失控"现象，综合检测中心做了认真地调查后，并未发现有特殊原因或可查明的原因出现。

综合中心决定，不能满足于有限时间的监控，继续利用后续的电话调查，不断增加图中的数据,以便随时加强对投诉所开展的调查和纠正措施活动。

6.5 石油产品氯含量的定量限测定

某实验室认为,通常很难区别分析响应和背景噪声,即低于定量限(IQE)的数值使用没有实际意义,故决定采用 8 个基体样品,通过不同参加人员,对石油产品中的氯含量进行了不少于 $n=7$ 的重复测量,来评定方法操作区间的最低水平,详见表 6-11。

表 6-11 s_R 测量条件下氯含量测定数据的统计

样品(升序)	重复测试($n=7$),x							X	s	$\ln(X)$	$\ln(s)$
S8	111	67	159	4.6887	3.7982	42	161	109	44.62	4.6887	3.7982
S1	633	595	612	6.4628	4.6176	792	519	641	101.25	6.4628	4.6176
S3	737	832	951	6.7678	4.5034	998	916	869	90.32	6.7678	4.5034
S6	1063	1235	1313	7.0695	4.5509	1226	1207	1176	94.72	7.0695	4.5509
S2	1293	1367	1209	7.1459	4.3506	1236	1377	1269	77.53	7.1459	4.3506
S7	2366	2442	2785	7.8326	4.9238	2436	2526	2522	137.52	7.8326	4.9238
S4	3309	3004	3247	8.0629	4.8181	3020	3156	3175	123.72	8.0629	4.8181
S5	3255	3339	3202	8.1158	4.7286	3363	3479	3347	113.14	8.1158	4.7286

已知表 6-11 中求得 $\ln(s)=2.553 + 0.283\ln(X)$,则由式(4-20)给出表 6-12 的数据变换。变换后给出呈同方差的 $s=9.835-0.002$、以及系列的预处理结果,并计算有 $A_s^{2*}=0.499$,表明变换后的测量系统处于受控状态。

表 6-12 系列数据集的变换和预处理

样品(升序)	数据变换 $y=\hat{x}(1-0.28)$							变换 X	变换 s	预处理结果						
S8	29.7	20.6	38.5	32.5	26.5	14.7	38.8	29	8.92	0.9	-8.1	9.7	3.8	-2.2	-14.0	10.0
S1	104.0	99.5	101.5	119.3	96.3	122.2	90.1	105	11.83	-0.7	-5.2	-3.2	14.6	-8.4	17.5	-14.6
S3	116.0	126.6	139.4	123.6	128.3	144.3	135.7	131	9.78	-14.5	-4.0	8.8	-6.9	-2.3	13.8	5.1
S6	151.0	168.3	175.9	151.4	156.7	167.4	165.5	162	9.43	-11.3	6.0	13.5	-11.0	-5.6	5.1	3.2
S2	173.9	181.0	165.7	165.0	164.6	168.4	182.0	172	7.52	2.4	9.5	-5.8	-6.5	-6.9	-3.2	10.5
S7	268.7	274.9	302.2	287.4	279.5	274.4	281.7	281	10.98	-12.5	-6.3	20.9	6.1	-1.7	-6.8	0.4
S4	342.1	319.1	337.5	333.1	341.2	320.3	330.7	332	9.34	10.1	-12.9	5.5	1.1	9.2	-11.7	-1.4
S5	338.1	344.4	334.1	356.7	340.3	346.1	354.7	345	8.39	-6.8	-0.6	-10.8	11.8	-4.7	1.2	9.8

实验室决定采用 RSD 的倒数,来评定方法操作区间的最低水平。但需要假定所选的初始

样品或预期能与其相邻的样品之间会覆盖住定量限的估计值。

在本案例中规定，定量限可界定为 $Y = 10 \times$ 标准差/平均值，也可视为平均值/标准差≈10 的对应水平。

从表 6－13 中可以发现，样品 S3 有：$X/s = 9.62 \approx 10$，其对应的水平为 869。

更精确的计算需要建立在回归分析中，则考虑到曲线的拟合，故决定在 X 和 Y 两者间拟合成幂函数式：

$\ln(Y) = 4.855 - 0.717\ln(X)$，$a = 128.3$。

假定 $Y = 1$ 时有 $128.3X^{-0.717}$，因函数式对应的 X 即为接近 0 浓度下的方法 IQE，则本示例氯含量的定量限为：

$X = 852$mg/kg，详见图 6－8。

表 6－13　系列数据集的幂函数式拟合

样品升序	S8	S1	S3	S6	S2	S7	S4	S5
X	109	641	869	1176	1269	2522	3175	3347
s	44.62	101.25	90.32	94.72	77.53	137.52	123.72	113.14
X/s	2.44	6.33	9.62	12.42	16.37	18.34	25.66	29.58
Y	4.104	1.58	1.039	0.806	0.611	0.545	0.39	0.338
$\ln(X)$	4.6887	6.4628	6.7678	7.0695	7.1459	7.8326	8.0629	8.1158
$\ln(Y)$	1.412	0.4574	0.0381	－0.216	－0.4927	－0.6063	－0.9423	－1.0846

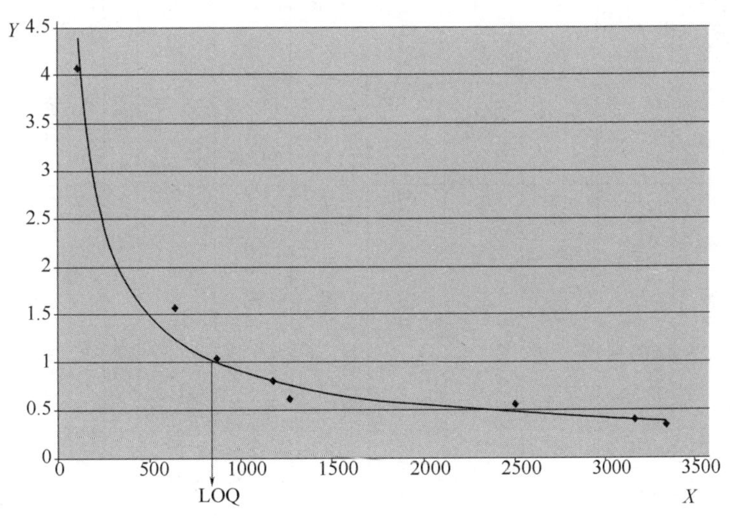

图 6－8　Y 对 X 的定量限确定

所以，本示例氯含量的定量限为 852mg/kg，其定量限的不确定度为该估计值的 ±30%，即有：

$852 \times 30\% = 256$mg/kg。

该实验室继续持续跟踪监控，不断对拟合的幂函数式进行调整和修正。

表 6－14　s_R 测量条件下 6 类纺织纤维的观测统计（$h_{临界}=1.78$）

人次	棉					麻					丝					毛					粘胶纤维					二醋酯纤维					$h\cdot$
	①	②	③	④	h	①	②	③	④	h	①	②	③	④	h	①	②	③	④	h	①	②	③	④	h	①	②	③	④	h	
1	19 13	0.79 0.54	0.667	0.18	-0.53	17 14	0.71 0.58	0.646	0.09	-2.06	20 18	0.83 0.75	0.792	0.06	-0.05	(20)5 (28)5	0.25 0.18	0.208	0.05	-2.27	13 17	0.54 0.71	0.625	0.12	-0.56	15 22	0.63 0.92	0.771	0.21	-2.01	-1.25
2	23 22	0.96 0.92	0.938	0.03	0.66	22 21	0.92 0.88	0.896	0.03	0.76	22 23	0.92 0.96	0.938	0.03	0.60	21 21	0.88 0.88	0.875	0.00	0.48	23 22	0.96 0.92	0.938	0.03	0.63	21 21	0.88 0.88	0.875	0.00	-0.50	0.44
3	21 22	0.88 0.92	0.896	0.03	0.48	21 20	0.88 0.83	0.854	0.03	0.29	22 23	0.92 0.96	0.938	0.03	0.60	20 21	0.83 0.88	0.854	0.03	0.39	23 22	0.96 0.92	0.938	0.03	0.63	24 24	1.00 1.00	1.000	0.00	1.31	0.62
4	23 22	0.96 0.92	0.938	0.03	0.66	22 21	0.92 0.88	0.896	0.03	0.76	23 22	0.96 0.92	0.938	0.03	0.60	22 22	0.92 0.92	0.917	0.00	0.65	21 20	0.88 0.83	0.854	0.03	0.31	24 23	1.00 0.96	0.979	0.03	1.01	0.66
5	21 22	0.88 0.92	0.896	0.03	0.48	21 23	0.88 0.96	0.917	0.06	0.99	21 22	0.88 0.92	0.896	0.03	0.41	20 23	0.83 0.96	0.896	0.09	0.56	22 24	0.92 1.00	0.958	0.06	0.71	23 23	0.96 0.96	0.958	0.00	0.70	0.64
6	21 20	0.88 0.83	0.854	0.03	0.30	20 19	0.83 0.79	0.813	0.03	-0.18	20 19	0.83 0.79	0.813	0.03	0.04	20 21	0.83 0.88	0.854	0.03	0.39	19 22	0.79 0.92	0.854	0.09	0.31	21 22	0.88 0.92	0.896	0.03	-0.20	0.11
7	21 22	0.88 0.92	0.896	0.03	0.48	22 21	0.92 0.88	0.896	0.03	0.76	22 21	0.92 0.88	0.896	0.03	0.41	22 21	0.92 0.88	0.896	0.03	0.56	21 20	0.88 0.83	0.854	0.03	0.31	22 21	0.92 0.88	0.896	0.03	-0.20	0.39
8	19 18	0.79 0.75	0.771	0.03	-0.07	20 18	0.83 0.75	0.792	0.06	-0.42	19 19	0.79 0.79	0.792	0.00	-0.05	20 20	0.83 0.83	0.833	0.00	0.31	20 19	0.83 0.79	0.813	0.03	0.15	21 21	0.88 0.88	0.875	0.00	-0.50	-0.10
9	(28)4 (20)7	0.14 0.35	0.229	0.15	-2.46	(36)27 (12)9	0.75 0.75	0.750	0.00	-0.89	(40)7 (8)4	0.18 0.50	0.229	0.23	-2.56	(40)18 (8)6	0.45 0.75	0.500	0.21	-1.07	(40)6 (8)0	0.15 0.00	0.125	0.11	-2.5	(36)34 (12)11	0.94 0.92	0.938	0.02	0.40	-1.51
p 均值	0.787					0.829					0.803					0.759					0.773					0.910					
$s(p)$	0.227					0.089					0.224					0.242					0.263					0.069					
s(理论)	0.084					0.077					0.081					0.087					0.085					0.058					
s_{IQR}	0.093					0.047					0.078					0.016					0.031					0.016					
s_r	0.081					0.046					0.083					0.080					0.067					0.071					
$s_{R'}$	0.234					0.095					0.231					0.249					0.267					0.085					

注 1：本研究在胜任实验室中选取 9 人次熟练操作人员，在 s_R 测量条件下，分别采用 5 种不同比例含量溶剂，对 6 类纺织纤维进行溶解试验；

注 2：每人次每天做 24 次观察，2 天完成，其中人次 1 的“毛”组合，以及人次 9 的所有组合观察次数不同（括号里数字代表每天观察次数）；

注 3：①表示观测数；②表示所占比例；③表示加权平均；④表示标准差；

注 4：$h\cdot$ 为 6 类纺织纤维下每人次 h 的平均值

6.6　纺织服装产品定性分析量化研究

在纺织品生产管理和产品分析中,对纤维进行科学定性鉴别尤为重要。纤维定性鉴别又属于视觉分析型官能检验。因视觉受环境、习惯、心理的影响而有很大差异,即便辅以仪器配合,通常的检验也需斟酌。本研究首先需对所选材料进行随机组合,然后将感观检验的测定结果分级数据化,转换为比例响应的实验方案,最后做最终结果的量化评估。

表6-14中给出了6类纺织纤维,其鉴别溶解性试验是采用显微镜和化学试验来进行辨别。溶解法是利用各种纺织纤维在不同的化学试剂中的溶解性能来鉴别纤维。对于单一成分的纤维,鉴别时可将少量待鉴别的纤维放入试管中,注入某种溶剂,观察纤维在溶液中的溶解情况。若混合成分的纤维或纤维量极少,则可滴上溶剂,直接在显微镜中观察。由于溶剂的浓度和加热的温度不同,则应严格控制其浓度和温度,同时也要注意纤维在溶剂中溶解速度。

表6-14中的 s_r 和 $s_{R'}$ 并非处于同一数量级。一般情况下,理论标准差($n=24$)的 s(理论)要小于 s(p 均值),而经 Robust 计算得出的 s_{IQR} 会更小。

从表中参加人次观察试验比例响应平均值 p 的 h 值一致性统计(非采用 s_{IQR}),很明显地看到,若不经过长期训练则所掌握的判定标准宽严不一。

经 h 统计发现,水平内2次观察和水平间9个人次的取值不合理,整个观测系统的变异性较差。尤其是人次1给出 h 平均 $=-1.25$;人次9给出 h 平均 $=-1.51$,且通过方差分析发现系统参加人次间存在偏倚(实验室误差/交互效应 $=9.40>F_{临}=2.18$)。

表中的 h 一致性检验,有助于防止或修正掌握上的偏差,对今后实际观察的接受和拒收做出客观的判断。进一步的AD检验表明,该观测系统的变异非来源于同一个分布。将该两个人次超出临界的 h 值剔除后,AD统计概率图开始趋于正态分布总体。详见图6-9。

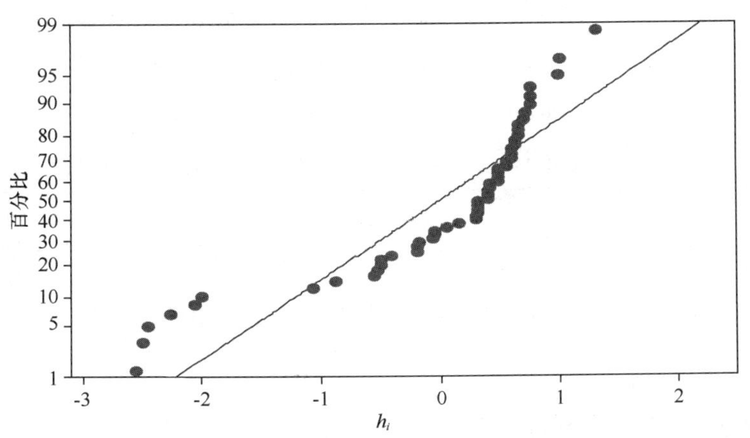

图6-9　h 离群剔除前后的概率图

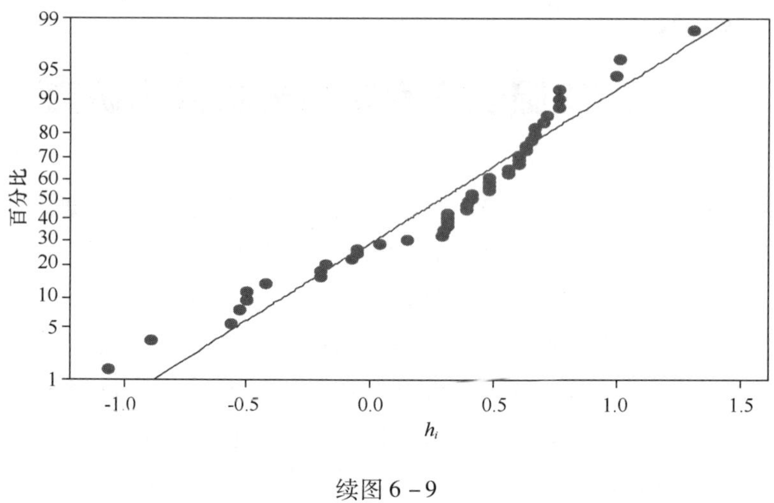

续图 6-9

综上所述，表中的观测系统无法给出数据不确定度的估计。

6.7 低合金钢碳含量的测定

某实验室根据 GB/T 20123—2006《钢铁　总碳硫含量的测定　高频感应炉燃烧后红外吸收法（常规方法）》来测定低合金钢中的碳含量，针对火花直读光谱仪（SAES）测量系统，选用 5 个水平的 RM，每个水平进行 3 次重复测定，完成了 $s_{R'}$ 测量条件下的校准实验。详见表6-15。

表 6-15　低合金钢中碳含量的回归实验（单位：%）

ARV_n $n=5$	重复测量，$k=3$			平均值	标准差	拟合值	残差值		
	y_{n1}	y_{n2}	y_{n3}				ε_{n1}	ε_{n2}	ε_{n3}
0.0332	0.03470	0.03238	0.03310	0.0334	0.0012	0.0357	-0.0010	-0.0033	-0.0026
0.188	0.1883	0.1836	0.1847	0.1855	0.0025	0.1879	0.0004	-0.0043	-0.0032
0.283	0.2863	0.2839	0.2886	0.2863	0.0024	0.2814	0.0049	0.0025	0.0072
0.392	0.3926	0.3989	0.3942	0.3952	0.0033	0.3886	0.0040	0.0103	0.0056
0.506	0.4979	0.4914	0.4925	0.4939	0.0035	0.5007	-0.0028	-0.0093	-0.0082

实验室认为，考察两个连续变量之间的关系，首先采用式（4-1）的 OLS 拟合：

$$y_{nk} = \beta_0 + \beta_1 \mathrm{ARV}_n \quad \sigma = \sqrt{\frac{\mathrm{SSE}}{(NK-2)}}$$，求得 $\bar{y} = 0.0030 + 0.9837\mathrm{ARV}$

式中：β_0 与β_1 ——分别为截距和斜率；

$\bar{y}$——测量结果 y 的平均值；

N，K——分别为 RM 的个数和重复测量的次数；

σ ——精密度估计值；

SSE——残差平方和。

图 6－10 给出拟合值下的残差作图，用以检查 $\bar{y}$ = 0.0030 + 0.9837ARV 的等残差标准差假定是否成立。图中表明，拟合的标准差和水平间的函数关系有 $p<0.05$，即水平下重复数据的展宽存在异方差，说明等残差标准差的假设不成立，故决定对表中的数据进行变换。

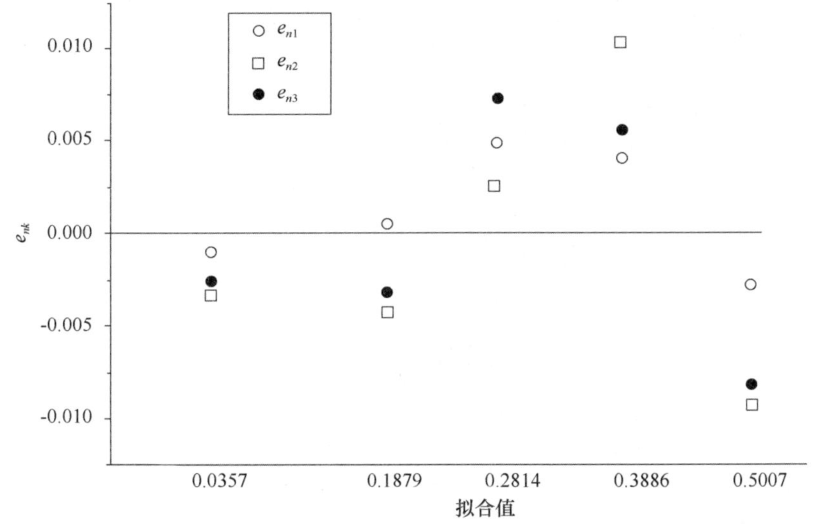

图 6－10　$\bar{y}$ = 0.0030 + 0.9837ARV 等残差假定的残差作图

根据经验，对表中数据做倒数变换（详见表 6－16），回归拟合和残差计算见式（4－4）：

$$z_{nk} = \hat{\gamma}_1 + \hat{\gamma}_0 w_n \quad \hat{\tau} = \sqrt{\frac{\text{WSSE}}{(NK-2)}}$$，求得 $\bar{z}$ = 0.9944 + 0.0004/ARV

式中：$\hat{\gamma}_1$，$\hat{\gamma}_0$——分别为加权后的截距和斜率；

$\bar{z}$——测量结果加权后 z 的平均值；

w_n——加权值；

$\hat{\tau}$——加权后的精密度估计值；

WSSE——加权后的残差平方和。

表 6－16　数据变换后的回归实验

ARV_n	$1/ARV_n$	变换值			平均值 $\bar{z}$	标准差	拟合值	加权残差值		
		z_{n1}	z_{n2}	z_{n3}				u_{n1}	u_{n2}	u_{n3}
0.0332	30.12	1.045	0.975	0.997	1.006	0.036	1.0058	0.039	－0.031	－0.009
0.188	5.32	1.002	0.977	0.982	0.987	0.013	0.9965	0.005	－0.020	－0.014
0.283	3.53	1.012	1.003	1.020	1.012	0.008	0.9958	0.016	0.007	0.024
0.392	2.55	1.002	1.018	1.006	1.008	0.008	0.9954	0.006	0.022	0.010
0.506	1.98	0.984	0.971	0.973	0.976	0.007	0.9952	－0.011	－0.024	－0.022

图 6－11 给出了拟合值下加权残差的随机分布图、以及正态概率目测作图，且有 $A_s^{2^*}$ =

0.280,图中的异方差现象消失,有理由接受比例残差模型的假定,并接受其正态性的假定。

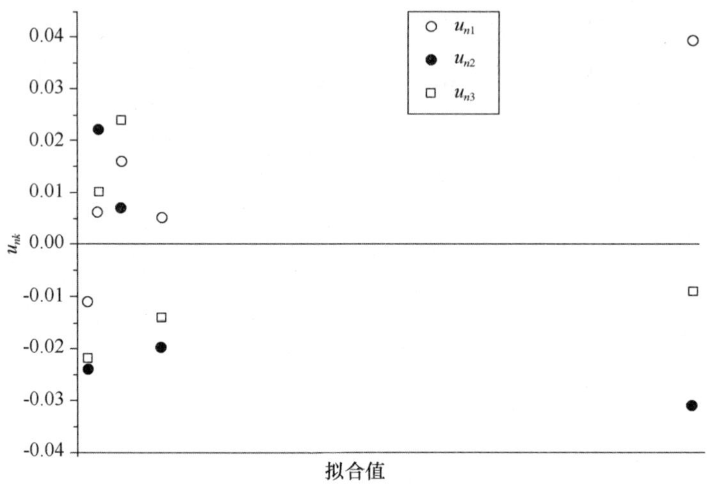

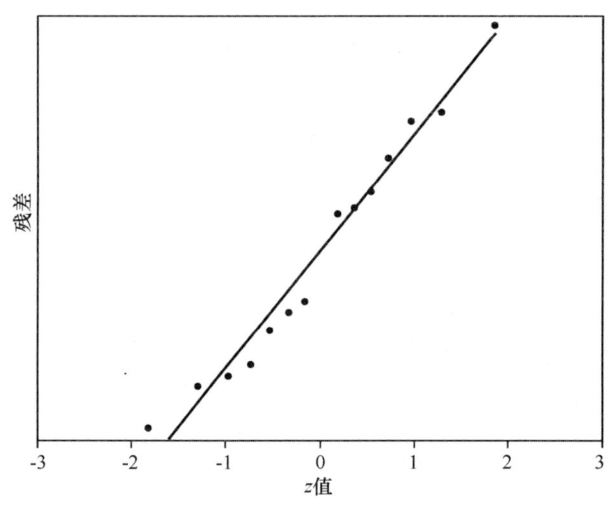

图 6-11　$\bar{z}$ = 0.9944 + 0.0004/ARV 比例残差假定的残差与概率作图

本书认为,相关系数不能作为两个变量之间因果关系的判据,正确做法是,通过残差的单因素方差分析来判断失拟和实验误差间是否存在显著性差异。表 6-17 给出了式(4-4)的失拟误差 τ_l^2 与实验误差 τ_p^2 的计算结果。

表 6-17　$\bar{z}$ = 0.9944 + 0.0004/ARV 的方差分析

$1/ARV_n$	变换值			平均值	实验误差平方和	加权残差值		
	z_{n1}	z_{n2}	z_{n3}	$z\cdot$		u_{n1}	u_{n2}	u_{n3}
30.12	1.045	0.975	0.997	1.006	0.002559	0.039	-0.031	-0.009
5.32	1.002	0.977	0.982	0.987	0.000342	0.005	-0.020	-0.014

续表

$1/ARV_n$	变换值			平均值	实验误差平方和	加权残差值		
	z_{n1}	z_{n2}	z_{n3}	$z\cdot$		u_{n1}	u_{n2}	u_{n3}
3.53	1.012	1.003	1.020	1.012	0.000138	0.016	0.007	0.024
2.55	1.002	1.018	1.006	1.008	0.000140	0.006	0.022	0.010
1.98	0.984	0.971	0.973	0.976	0.000095	−0.011	−0.024	−0.022

表 6－17 中“组内残余差”应遵循零平均的独立正态性，其单元齐性且随机公共方差已得到上述证实。根据 $\tau_l^2 = \dfrac{WSSE - WSSP}{N-2}$ 和 $\tau_p^2 = \dfrac{WSSP}{NK-N}$，求得如下统计量：

实验误差平方和 WSSP = 0.003273；均方误差 $\tau_p^2 = 0.00033$；

残差平方和 WSSE = 0.0059，其中，$\tau^2 = WSSE/(nk-2) = 0.0005$；

失拟平方和 WSSL = 0.0026，均方误差 $\tau_l^2 = 0.0009$。

在包含概率 95% 下，有 $F = \hat{\tau}_l^2/\hat{\tau}_p^2 = 2.65 < F_{0.95}(3,10) = 3.71$，接受 $\bar{z} = 0.9944 + 0.0004/ARV$ 的线性校准假定。经分析，确认所拟合的模型有效，决定对等价的 $\bar{y} = 0.0004 + 0.9944RQV$ 进行监控。

实验室决定选用最高（0.0332）和最低（0.506）两个 RM，利用 $\bar{y} = 0.0004 + 0.9944RQV$，每天分别对其进行测量，共测 7 天（$n = 14$），见表 6－18。

表 6－18　$\bar{y} = 0.0004 + 0.9944RQV$ 的变换值与控制值

天	1		2		3		4		5		6		7	
ARV	0.0332	0.506	0.0332	0.506	0.0332	0.506	0.0332	0.506	0.0332	0.506	0.0332	0.506	0.0332	0.506
实测	0.035	0.519	0.033	0.511	0.035	0.492	0.032	0.489	0.033	0.528	0.033	0.509	0.032	0.525
x_0^*	0.035	0.522	0.032	0.514	0.035	0.494	0.031	0.492	0.033	0.531	0.033	0.512	0.032	0.528
c_i	0.045	0.031	−0.025	0.015	0.051	−0.024	−0.052	−0.028	−0.015	0.049	−0.019	0.011	−0.046	0.043

注：$x_0^* = \dfrac{\bar{y}_0 - \hat{r}_0}{\hat{r}_1}$　$c_i = \dfrac{x_i^* - ARV_i}{ARV_i}$　$UCL(LCL) = \pm 3\dfrac{\hat{\tau}}{\hat{r}_1}$，式中：$x_0^*$ 为变换值，c_i 为比例残差值

因 $\hat{\tau}^2 = WSSE/(nk-2) = 0.0004$，$\sigma = 0.02$，则控制限的计算有 $UCL(LCL) = 3 \times 0.02/0.9944 = \pm 0.06$，用来建立表中系列比例残差值 c_i 的上下限，并绘制图 6－12。

图中的 14 个控制点为一周的系列比例残差值监控图，统计检验后有：$A_s^{2^*} = 0.553$，$A_{MR}^{2^*} = 0.471$。实验室认为，测量系统基本上处于统计受控状态，由此，$\bar{y} = 0.0004 + 0.9944RQV$ 在 7 天里无须更新。

实验室认为，较之 $s_{R'}$ 的误差源，偏倚贡献可忽略。则在 95% 概率下，求得两个样本的联合方差，即所得 $1-\alpha$ 的未知真值近似置信区间为：

$$RSD(u) = \sqrt{\frac{0.0175}{14}} = 0.035\,,\ U = 2RSD \times x_0^* = 0.07x_0^*\ 。$$

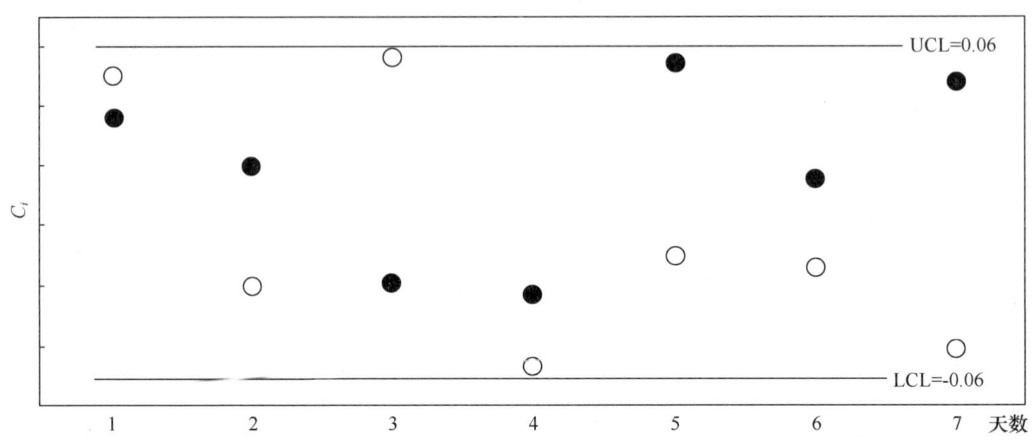

图 6－12 $\bar{y}$ = 0.0004 + 0.9944RQV 测量系统的控制图

6.8 黑色金属矿锰矿中铝含量的测定

利用物质的特征荧光 X 射线进行成分定量分析，主要是指 XRF 荧光分析。只要测得荧光 X 射线的波长，就可确定物质所含的元素，根据谱线的强度即可测定其含量。XRF 荧光分析已广泛用于各个领域的定量分析，但需注重考查该仪器分析的有效性。

本研究利用 XRF 的理学（Rigaku 3371－E 型）或布鲁克（Bruker SRS 3400 型）荧光分析仪（X 法），在 $s_{R'}$ 测量条件下，针对锰矿中三氧化二铝的含量（w_t，%），与 GB/T 1510—2006《锰矿石 铝含量的测定 EDTA 滴定法》（Y 法）进行比照实验。

根据方法的量程范围，分别随机选择多水平同时段的历史数据（15 个数据对），详见表 6－19。

表中有如下统计说明：

（1）F 统计表明，足够可以辨别样品水平间的差异；而且可以断定方法间具强关联性，具备用 X 法结果来预测 Y 法结果的条件；但利用式（4－9）做进一步 F 检验有 $F = \frac{(CSS_0 - CSS_2)/2}{CSS_2/(S-2)} = 0.18 < F_{0.05}(2,13) = 3.81$，表明两个方法之间无需偏倚修正。

（2）因 $CSS_0 = 16.77 < \chi^2_{(0.95,14)} = 23.68$，则认为方法间不存在样品偏倚，即表明除了测量误差，没有其他变异源贡献。

（3）AD 统计结果为 $A_s^{2*} = 1.018$，但有 $p > 0.01$，勉强接受表中的测量处于统计受控，见图 6－13。

已知，加权计算后给出 $s(Y) = 0.103$，$s(X) = 0.093$；另，给定检验水平 5% 下的 AD 统计不显著，此时的样本偏倚可作为随机效应处理，可纳入到 $U_{X\hat{Y}}$ 的估计中：$U_{X\hat{Y}} = \sqrt{2(s_Y^2 + b^2 s_X^2)} = 0.196 \approx 0.20(\%)$。

表 6-19　X 法和 Y 法系列数据对的 CSS 分级统计

Y 法		X 法		CSS_0		CSS_1			CSS_2 第一次迭代					CSS_2 第二次迭代							AD 统计		
Y(%)	s_Y	X(%)	s_X	w_i	CSS_i	wY	wX	CSS_i	y	x	①	②	③	wi	①	②	③	wY	wX	CSS_i	ε_i	p_i	AD_i
0.19	0.03	0.21	0.02	687.85	0.28	130.69	144.45	0.10	-1.0	-1.0	746.0	737.5	0.042	691.291	749.8	741.2	0.096	131.35	145.17	0.224	-0.525	0.369	-4.821
0.35	0.03	0.31	0.03	587.95	0.94	205.78	182.26	1.36	-0.9	-0.9	488.1	514.5	0.563	590.789	490.4	517.0	0.447	206.78	183.14	1.072	0.970	0.853	-13.076
0.77	0.04	0.84	0.03	367.28	1.80	282.80	308.51	1.41	-0.5	-0.4	69.6	60.4	0.632	369.198	70.0	60.7	0.688	284.28	310.13	1.527	-1.342	0.138	-19.379
1.23	0.05	1.17	0.04	263.99	0.95	324.71	308.87	1.22	0.0	-0.1	0.1	1.5	0.521	265.305	0.1	1.5	0.520	326.33	310.41	1.213	0.975	0.854	-26.468
1.44	0.05	1.53	0.05	216.13	1.75	311.23	330.68	1.45	0.2	0.3	12.5	17.5	0.660	217.277	12.5	17.6	0.640	312.88	332.43	1.400	-1.323	0.142	-29.319
1.69	0.05	1.58	0.05	194.23	2.35	328.25	306.88	2.71	0.5	0.3	29.4	21.7	1.145	195.186	29.6	21.8	1.195	329.86	308.39	2.811	1.533	0.942	-31.006
2.25	0.06	2.36	0.06	131.73	1.59	296.38	310.87	1.37	1.0	1.1	148.7	163.6	0.628	132.431	149.5	164.5	0.557	297.97	312.54	1.206	-1.262	0.155	-21.894
3.66	0.09	3.82	0.08	68.80	1.76	251.82	262.83	1.59	2.4	2.6	429.1	456.0	0.737	69.176	431.5	458.5	0.606	253.19	264.25	1.297	-1.327	0.141	-22.270
4.33	0.10	4.16	0.09	56.80	1.64	245.96	236.30	1.80	3.1	2.9	512.0	482.5	0.784	57.091	514.6	485.0	0.949	247.20	237.50	2.173	1.281	0.909	-22.871
5.52	0.12	5.65	0.11	37.35	0.63	206.19	211.04	0.56	4.3	4.4	704.6	724.6	0.256	37.554	708.4	728.5	0.161	207.30	212.18	0.348	-0.795	0.280	-10.792
6.53	0.14	6.64	0.13	28.61	0.35	186.80	189.95	0.30	5.3	5.4	816.8	832.5	0.137	28.761	821.1	837.0	0.066	187.81	190.97	0.143	-0.588	0.347	-9.483
8.87	0.18	8.65	0.16	17.65	0.85	156.54	152.66	0.92	7.6	7.4	997.4	967.6	0.408	17.740	1002.6	972.6	0.582	157.35	153.45	1.306	0.924	0.843	-7.532
9.28	0.18	9.51	0.17	15.70	0.83	145.66	149.27	0.77	8.0	8.3	1043.3	1072.1	0.360	15.782	1049.0	1077.9	0.223	146.45	150.08	0.476	-0.911	0.244	-7.776
10.35	0.20	10.16	0.18	13.43	0.48	139.00	136.45	0.53	9.1	8.9	1091.0	1067.3	0.236	13.500	1096.7	1072.8	0.379	139.73	137.16	0.845	0.696	0.787	-6.670
11.07	0.22	11.29	0.20	11.57	0.56	128.03	130.57	0.52	9.8	10.0	1142.2	1166.8	0.241	11.628	1148.4	1173.2	0.128	128.72	131.28	0.273	-0.748	0.294	-6.048
Σ =				2699.1	16.77	3339.8	3361.6	16.59			8230.8	8286.3	7.35	2712.71	8274.1	8329.9	7.24	3357.19	3379.09	16.31	$A_s^{2*}=1.018$		
						$a=\bar{Y}-\bar{X}=-0.01$			$\lvert b-b_0\rvert=0.0006>0.001b=0.001$，$b_0=0.994$					$\lvert b-b_0\rvert=0.000<0.001b=0.001$，$b_0=0.994$				$a=\bar{Y}-b\bar{X}=-0.001$					

注 1：表中的①②③分别代表：wyx、wx^2 和$[ws(x)(y-bx)]^2$；

注 2：CSS_i 均为 CSS 的单项计算；

注 3：式(4-10)给出 CSS_0(其中有 w_i 的计算)、式(4-11)给出 CSS_1、以及式(4-13)给出 CSS_2(其中有 b 的迭代和 w_i 再次计算)；

注 4：AD 统计的残差计算有 $\varepsilon_i=\sqrt{w_i}(Y_i-\hat{Y}_i)$，见式(4-18)

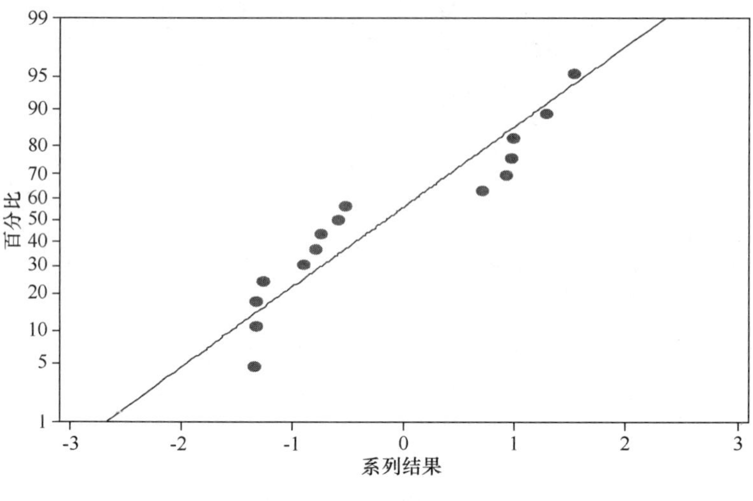

图 6－13　正态概率图

鉴于图 6－13（ A_s^{2*} ＝1.018）的数据分布，本研究认为，表中 15 个数据对的统计最终并非代表测量系统的正常性能，建议实验室日常交替使用两个方法，定期监控方法间的偏离。随着后续结果的增加，函数模型不会是一成不变的，很有可能需找出两者间的函数关系式，对 CSS 偏倚修正后的方法结果间一致性程度做有效性解释，并给出合理的不确定度估计值。

6.9　饮用水综合指标 COD 的全年质量安全监控

有毒化学物污染是环境监测的重点，然而从危害程度和出现频率的实际情况看，人们只能是有重点和针对性地对部分污染物进行优先监测。作为有机物相对含量的化学需氧量（COD）指标，反映了被氧化的有机物污染程度，是我国实施排放总量控制的条件指标之一。

本案例是根据 GB/T 5750.7—2006《生活饮用水标准检验方法　有机物综合指标》，利用酸性高锰酸钾滴定来测定生活饮用水及其水源水中的耗氧量，即规定高锰酸钾在酸性溶液中将还原性物质氧化，过量的高锰酸钾用草酸还原，根据高锰酸钾消耗量表示耗氧量（以 O_2 计）。

表 6－20 给出了某地区汛期（丰水期）和枯水期的地表水监测情况。

表 6－20　饮用水综合指标 COD 的年度质量安全监控　　单位：mg/L

年份	月份	时序	山泉水					饮用水		矿泉水	纯净水	均值	标准差	预处理	
			水源 1	水源 2	水源 3	水源 4	水源 5	水源 1	水源 2	水源 1	水源 1			*I* 值	*I*（MR）
2015	03	1	0.64		0.44	0.76	0.48	0.76	0.44	0.64	0.52	0.585	0.133	0.052	
2015	04	2	0.72	0.8	0.32	0.56	0.64	0.64	0.48	0.64	0.56	0.596	0.139	0.062	0.011
2015	05	3	0.48	0.64	0.64	0.56	0.88	0.4	0.56	0.32	0.48	0.551	0.162	0.018	0.044
2015	06	4	0.24	0.24	0.48	0.32	0.4	0.72	1.04	0.32	0.48	0.471	0.261	-0.062	0.080
2015	07	5	0.652	0.4048	0.5696	0.4872	0.7344	0.48	0.7632	0.4848	0.4872	0.563	0.126	0.029	0.091

续表

年份	月份	时序	山泉水					饮用水		矿泉水	纯净水	均值	标准差	预处理	
			水源 1	水源 2	水源 3	水源 4	水源 5	水源 1	水源 2	水源 1	水源 1			I 值	I(MR)
2015	08	6	0.4048	0.4048	0.568	0.3232	0.6496	0.64	0.4864	0.6496	0.64	0.530	0.128	-0.004	0.033
2015	09	7	0.48	0.24	0.4	0.64	0.8	0.48	0.64	0.32	0.72	0.524	0.188	-0.009	0.005
2015	1	8	0.4	0.64	0.24	0.96	0.32	0.48	0.4	0.56	0.24	0.471	0.228	-0.062	0.053
2015	11	9	0.32	0.4	0.24	0.24	0.4	0.48	0.64	0.64	0.4	0.418	0.148	-0.116	0.053
2015	12	10	0.4	0.4	0.56	0.32	0.4	0.48	0.72	0.56	0.48	0.480	0.120	-0.053	0.062
2016	01	11	0.32	0.56	0.64	0.64	0.32	1.28	1.52	0.48	0.56	0.702	0.417	0.169	0.222
2016	02	12	0.48	0.32	0.32	0.24	0.24	0.72	0.8	0.48	0.4	0.444	0.200	-0.089	0.258
2016	03	13	0.44	0.56	0.44	0.52	0.28	0.48	0.68	0.88	0.56	0.538	0.169	0.004	0.093
2016	04	14	0.4	0.48	0.56	0.8	0.32	0.24	0.56	1.28	0.72	0.596	0.313	0.062	0.058

基于表中的信息，给出了标准差的常数模型，有 $s = 0.357\bar{x} - 0.005$，故表中的 I 值（总平均 =0.533）可利用式（3-3）进行计算。另外，利用式（3-1）和式（3-2），求得系列预处理值的正态性和独立性统计量，有 $A_s^{2*} = 0.263$ 和 $A_{MR}^{2*} = 0.264$。所以有证据表明，表中的测量系统完全处于统计受控状态。

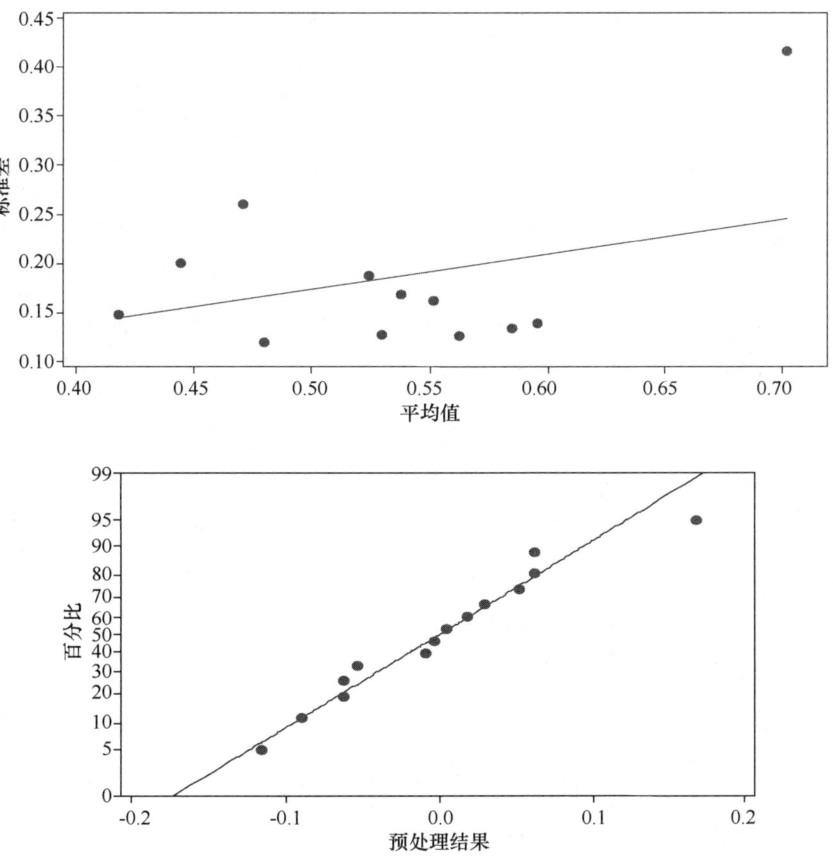

图 6-14 标准差与平均值的函数关系及预处理结果的正态概率图

有鉴于以上统计分析，证实了该地区本年度无论是汛期（丰水期）还是枯水期、以及饮用水的分类和水源，其 COD 值的监测始终处于稳定状态。根据表中的统计结果，由此给出本年度地区水源 COD 的不确定度估计有 $U = 2 \times 0.074 = 0.15$(mg/L)。

6.10 FT－120 乳品分析仪法测定纯牛奶的脂肪含量

某集团研发中心利用 GB 5413.3—2010《食品安全国家标准　婴幼儿食品和乳品中脂肪的测定》中的第一法（Y 法），针对 FT－120 乳品分析仪测量系统，进行了模块改良前（$X1$ 法）和改良后（$X2$ 法）的两者间产率比较。

考虑到基体效应影响，研发中心没有使用牛奶中脂肪基体的加标样，而在期间精密度测量条件下，利用相似实物样品，按时间顺序在 Y 法与 $X1$ 法和 $X2$ 法之间，进行了各自的比较。详见表 6－21。

表 6－21　Y 法分别与 X1 法和 X2 法的实测结果比较　　单位：g/100g

时序/天	Y 法实测值	X1 法			X2 法			QC 样品（X2 法）	
		实测值	回收值	差值	实测值	回收值	差值	实测值	MR
1	3.89	3.80	0.977	－0.09	3.92	1.008	0.03	3.96	
2	3.84	3.81	0.992	－0.03	3.88	1.010	0.04	3.93	0.03
3	3.91	3.82	0.977	－0.09	3.94	1.008	0.03	3.91	0.02
4	3.83	3.85	1.005	0.02	3.85	1.005	0.02	3.89	0.02
5	3.84	3.83	0.997	－0.01	3.89	1.013	0.05	3.95	0.06
6	3.92	3.90	0.995	－0.02	3.96	1.010	0.04	3.91	0.04
7	3.89	3.88	0.997	－0.01	3.88	0.997	－0.01	3.96	0.05
8	3.93	3.91	0.995	－0.02	3.95	1.005	0.02	3.93	0.03
9	3.83	3.81	0.995	－0.02	3.86	1.008	0.03	3.88	0.05
10	3.91	3.90	0.997	－0.01	3.93	1.005	0.02	3.92	0.04
11	3.94	3.85	0.977	－0.09	3.95	1.003	0.01	3.95	0.03
12	3.96	3.89	0.982	－0.07	3.96	1.000	0	3.88	0.07
13	3.93	3.85	0.980	－0.08	3.94	1.003	0.01	3.93	0.05
14	3.87	3.87	1.000	0	3.91	1.010	0.04	3.96	0.03
15	3.85	3.89	1.010	0.04	3.91	1.016	0.06	3.89	0.07
16	3.86	3.86	1.000	0	3.92	1.016	0.06	3.95	0.06
17	3.90	3.84	0.985	－0.06	3.91	1.003	0.01	3.91	0.04

续表

时序/天	Y 法实测值	X1 法			X2 法			QC 样品(X2 法)	
		实测值	回收值	差值	实测值	回收值	差值	实测值	MR
18	3.92	3.91	0.997	-0.01	3.96	1.010	0.04	3.96	0.05
19	3.95	3.86	0.977	-0.09	3.94	0.997	-0.01	3.93	0.03
20	3.89	3.86	0.992	-0.03	3.91	1.005	0.02	3.89	0.04
平均值			99.15	-0.034		100.66	0.026	3.92	0.04
标准差			0.010	0.028		0.005	0.014	0.028	0.038
AD 检验				$A_s^{2*}=0.853$ $A_{MR}^{2*}=0.936$			$A_s^{2*}=0.296$ $A_{MR}^{2*}=0.357$		

注 1:对 X1 法回收率 = 100 × X1 法回收值/Y 法实测值;对 X2 法回收率 = 100 × X2 法回收值/Y 法实测值;

注 2:差值 = 实测值 - Y 法实测值。

研发中心基于长期受控和中心极限定理认为,Y 法的样本取值服从正态分布,并将其视为"参比方法",与 X1 和 X2 的实测结果分别形成一对一的近似配对值,有助于误差的降低和处理间均衡性的提高。

研发中心认为,总体来看,X1 和 X2 系列差值的 AD 检验有 $p>0.01$,接受正态性和独立性原假设,见图 6-15 和图 6-16。但改良前的系列差值有 $p<0.05$,可能存在增强或减弱处理因素中的原有效应,需要考虑各种因素间的相互作用,有必要对图 6-15 的趋势效应进行监控。

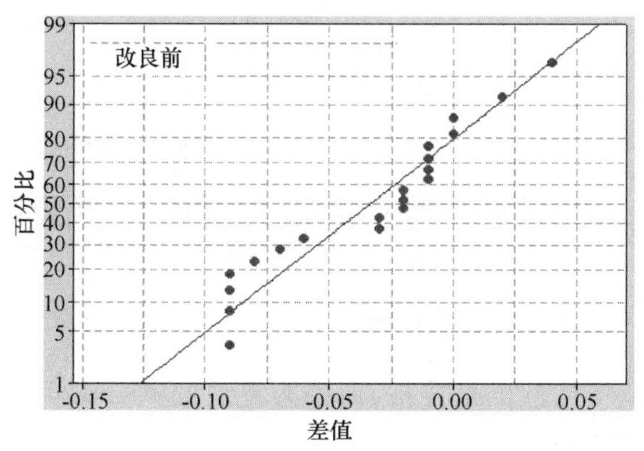

图 6-15　X1 法差值的正态概率图

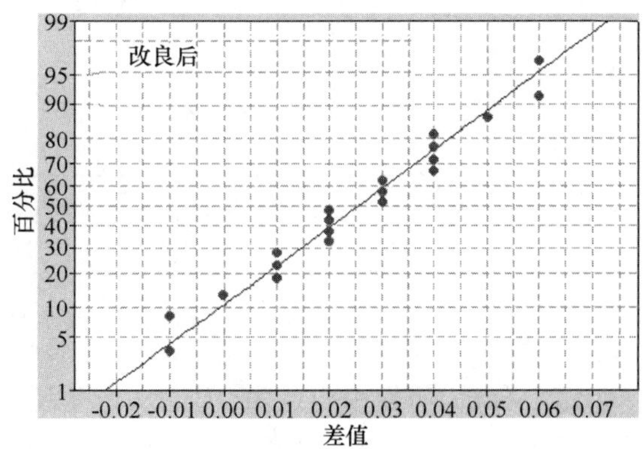

图 6-16　X2 法差值的正态概率图

研发中心发现,X1 和 X2 的检测均与 Y 法不存在差异的零假设成立,应偏重于实际显著性的效应量比较,另外,FT-120 乳品分析仪模块改良后的产率状况要好于改良前,见图 6-17(黑色折线代表改良前的测定;灰色折线代表改良后的测定)。

研发中心使用改良后的 FT-120 乳品分析仪,利用类似日常基体水平的 QC 样,经过一段

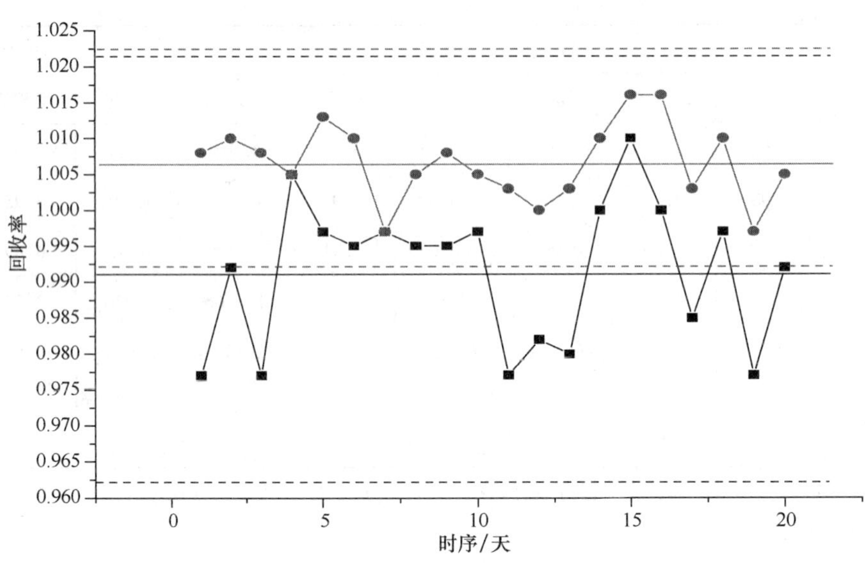

图 6－17　改良前后回收率的比较

时间的测量，根据式（3－5）～式（3－8），按时间顺序给出了系列实测结果及其 MR 值，见表 6－21 和图 6－18。

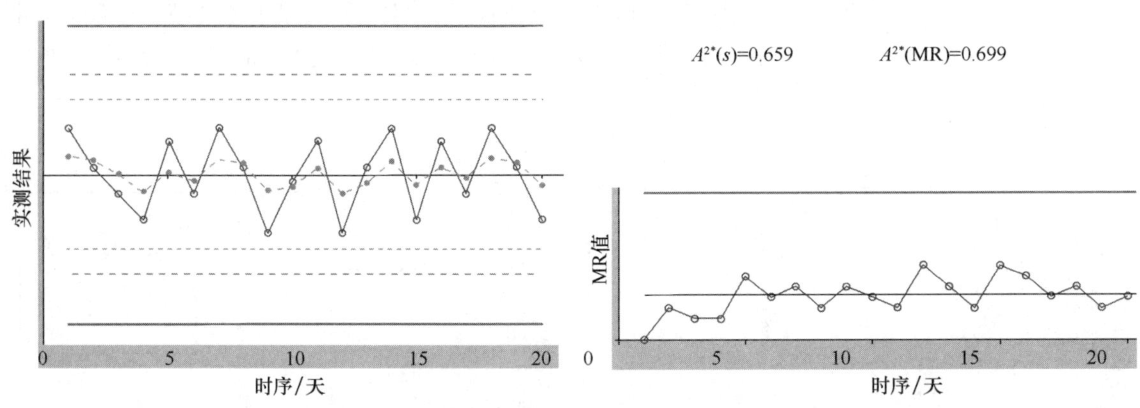

图 6－18　FT－120 模块改良后 QC 测试的 I/MR 控制图

综上分析，研发中心认为，无论从产率还是从可信性上来分析，模块改良后的 FT－120 乳品分析仪今后可以投入日常测量系统的牛奶脂肪检测。

表 6－21 中 $X2$ 系列差值的变异 0.014 是由均方根除以 $\sqrt{2}$ 求得。另知，表 6－21 中给出的 QC 样品（$X2$ 法）的标准差有 0.038，则两者合并后有：$u_c = \sqrt{0.014^2 + 0.038^2} = 0.040$ $U = 2u_c \approx 0.08$ (g/100g)，该不确定度估计应归于第一法和 FT－120 改良后的共享不确定度，但研发中心觉得，这个估计值较小。

研发中心依然遵循持续改进和不断完善的质量控制原则，继续借助于第一法的后续持续跟踪监控，努力提高和改进 FT－120 模块改良后的测量性能。同时，在考虑较大和较长远的经济效益的前提下，对所建立的不确定度模型随时进行调整和修正。

6.11　溶剂型木器涂料中甲苯含量的测定

本实例采用 GB 18581—2009《室内装饰装修材料 溶剂型木器涂料中有害物质限量》的气相色谱法，其中，木器涂料中甲苯含量的精密度规定有：$r\% < 5\%$；$R\% < 10\%$。

称取一定量的甲苯于配样瓶中，再称取相同数量级的内标物正庚烷于同一配样瓶中，加入适量乙酸乙酯稀释。将适量的校准样品注入气相色谱仪中，记录色谱图，计算甲苯的相对校正因子。称取约 2g 试样与被测化合物相同数量级的内标物正庚烷于配样瓶中，加入适量乙酸乙酯稀释。取 1μL 的试样注入气相色谱仪中，计算试样中甲苯的含量。

本例采用了 6 个水平（浓度水平分别为 1%、2%、5%、10%、15% 和 20%）的加标回收实验，每个水平进行了 2 次重复测试，实验数据见表 6－22。

表 6－22　涂料中甲苯含量（%）的加标回收实验

No	1	2	3	4	5	6	b_{rms}	$u_{b,rel}$
ARV_i	1	2	5	10	15	20		
回收，x_1	94.2	96.4	100.3	98.5	99.1	98.6		
回收，x_2	95.1	97.8	98.2	96.3	101.1	100.7		
$\bar{x}_{1,2}$	94.7	97.1	99.3	97.4	100.1	99.7		
$b_{i,rel}$	3.44	0.94	1.25	0.64	2.12	1.66	1.91	1.91

注 1：b_{rms} 为均方根估计，相对标准差的变异估计有 $t = 2.72$，接受均值为零的原假设；

注 2：$u_{b,rel}$ 为估计中所涵盖的器皿和溶液、以及称重和温度等影响因素，其累积的贡献效应可做忽略。

本例分别使用与待测样品浓度水平相近的标准溶液、以及不同水平样品，以盲样形式混入到日常的检测工作中。在历经 1 个月的期间精密度测量条件下，针对 $s_{R',rel}$ 和 $u_{r,rel(range)}$ 的研究，所用的标液每天提交 1 个独立样本数据，共给出 $n = 20$ 结果；所用的不同水平样品每天提交 1 个独立样本对，共给出 $n = 15$ 结果，其对应系统的变异程度详见表 6－23 和表 6－24。

表 6－23　甲苯标准溶液样品的 $u_{R',rel}$ 评定（%）

n	x_i	n	x_i	n	x_i	n	x_i	n	x_i	n	x_i	n	x_i
1	9.7	4	9.8	7	10.2	10	10.3	13	9.5	16	9.8	19	9.5
2	9.9	5	10.1	8	9.9	11	9.6	14	10.2	17	9.8	20	9.7
3	9.6	6	9.6	9	10.1	12	9.9	15	10.1	18	10.3		

注 1：表中的平均值 9.88，标准差 0.263。$s_{R'rel} = u_{R',rel} = 2.66\%$；

注 2：表中数据集的 AD 检验有 $A_s^{2*} = 0.478$ 和 $A_{MR}^{2*} = 0.449$

表 6－24　不同样品 $u_{r,\mathrm{rel(range)}}$ 的评定（%）

n	x_1	x_2	$R_{i,\mathrm{rel}}$	n	x_1	x_2	$R_{i,\mathrm{rel}}$	n	x_1	x_2	$R_{i,\mathrm{rel}}$	n	x_1	x_2	$R_{i,\mathrm{rel}}$
1	10.8	11.3	4.52	5	11.8	12.2	3.33	9	10.8	11.1	2.74	13	7.2	7.4	2.74
2	8.2	8.5	3.59	6	9.7	9.3	4.21	10	15.6	15.2	2.60	14	10.3	10.7	3.81
3	7.5	7.7	2.63	7	14.2	13.8	2.86	11	8.6	8.8	2.30	15	10.1	10.6	4.83
4	12.1	11.6	4.22	8	14.9	15.5	3.95	12	8.9	9.4	5.46				

注：$\bar{R}_{\mathrm{rel}}=3.59$，$u_{r,\mathrm{rel(range)}}=3.18$，其中，$u_{r,\mathrm{rel(range)}}$ 是 $u_{r\mathrm{(range)}}$ 的相对值

上述测量系统均处于统计受控状态下，且有 $u_{R',\mathrm{rel}}=2.66\%$，$u_{r,\mathrm{rel(range)}}=3.18$，由此求得合理的期间精密度估计值：$u_{R',\mathrm{rel}}=\sqrt{2.66^2+3.18^2}=4.15\%$。

已知表 6－22 中给出 $u_{b,\mathrm{rel}}=1.91\%$，则在 95% 概率下合并计算有：$U_{\mathrm{rel}}=2\sqrt{1.91^2+4.15^2}=9.1\%$。故在甲苯含量约 10% 水平左右下，$U$ 给出 0.91（%）。

本例认为，不确定度估计值的给出符合 GB 18581 的性能要求，但依然建议今后继续加强 IQC 的活动研究，不断地完善实验过程，控制不确定度数值在合理范围。

6.12　整数规划指派问题标准形的解析

6.12.1　匈牙利法思想的效益矩阵模型

管理部门可能经常面临这样的问题：有若干项任务需要完成，又有若干人员能够完成其中每项任务。由于每个人员的特点与能力不同，完成各项任务的效益也各不相同。又因为任务性质的要求或管理上的需要等缘故，每项任务只能交给一个人员去完成。那么应该指派哪位人员去完成哪一项任务，能使完成各项任务的总效益最佳？类似的问题很多，例如，应从多名候选人中选择哪几个人分别担任不同部门的管理工作，能使这几个部门总的管理水平最高？若干项合同需要选择若干个投标者来承包，若从费用、时间、效率、质量、后续服务等综合考虑，管理部门如何来进行正确决策？等等，这些问题就需要靠整数规划的指派模式来解决。

本研究基于系统工程的原则和概念，将实施质量管理工作的技术中心看作是一个分析测量体系，从整体着眼，综合考虑各种因素的作用及其影响来加以研究处理。通过问题的确定，层次目标和约束的确立，方案的生成，未来的预测，进行建模、逻辑推理、分析与优化，最终达到一个最优的满意解。

当下，该技术中心正在承担某重大科技项目，且确定了重点攻关的 A、B、C、D 和 E 共 5 个课题。经管理层反复认真地进行讨论研究，最后确定 7 位有资历人员参加实施。究竟指派或者分配哪 5 位人员各自承担哪一项课题，最终能确保承担项目所需时间最少？能获取最大的效益化？毫无疑问，这些过程需要投入时间分配和资源消耗。按照以往的跟踪考核以及本人

认可的实际情况，确定了 7 位人员各自课题下大致完成任务的时间信息，见表 6－25。

表 6－25　效益矩阵表　　单位:月

人员	课题				
	课题 1	课题 2	课题 3	课题 4	课题 5
人员 1	13	12	11	15	16
人员 2	9	10	11	14	10
人员 3	11	10	12	13	15
人员 4	15	13	11	13	10
人员 5	11	13	9	13	13
人员 6	12	9	14	10	14
人员 7	12	13	12	12	10

由于指派问题 0－1 规划模型的独自特点（x_i 为 0－1 型的逻辑变量），可考虑采用更为简便的匈牙利法（由匈牙利数学家考尼格，KÖnig 提出而得名）来进行解析。指派模型的标准形基本思想叙述为:建立、运行或改造一个原有的系统首先应确定问题和目标，明确目标与约束后，即形成可行方案。对于方案在未来的环境下会产生什么结果，需要进行逻辑推理关系和数学关系分析，建立数学模型，不断改变控制变量或决策变量来达到具体优化目标。

匈牙利法的基本思想理论基于一种必须兼备 3 个条件的指派模型:a）目标要求为 Min；b）效益矩阵（c_{ij}）为 n 阶方阵；c）阵中所有元素 $c_{ij} \geqslant 0$，且为常数。该法证明了如下两个定理:

【定理 1】设一个指派问题的效益矩阵为$(c_{ij})_n$。若从(c_{ij})的第 i 行元素中减去一个常数 $u_i(i=1,2,\cdots,n)$，从第 j 列元素中减去一个常数 $v_j(j=1,2,\cdots,n)$，得到一个新的效益矩阵$(b_{ij})_n$，其中每一元素 $b_{ij}=c_{ij}-u_i-v_j$，则(b_{ij})问题的最优解也是(c_{ij})问题的最优解。定理中的 u_i 称为行位势，v_j 称为列位势。

【定理 2】若一方阵中的一部分元素为 0，一部分元素为非 0，则覆盖方阵内所有 0 元素的最少直线数恰好等于那些不同行、不同列的 0 元素的最多个数。

按定理 1 中所述方法不断变换效益矩阵，使其产生尽可能多的 0 元素，并且始终保持所有元素非负，直到能从变换后的矩阵中找出 n 个位于不同行、不同列的 0 元素为止。譬如，若能将效益矩阵变换成下述形式:

$$(b_{ij}) = \begin{bmatrix} \oplus & + & + & 0 \\ + & + & \oplus & + \\ 0 & \oplus & + & + \\ + & + & 0 & \oplus \end{bmatrix}$$

其中＋号代表取正值的元素，$\oplus$号代表位于不同行、不同列的 0 元素，因为刚好有 4（$=n$）个$\oplus$号，所以只要令$\oplus$号所对应的 $x_{ij}=1$，其余 $x_{ij}=0$，就能使(b_{ij})问题的目标函数取得最小值 $Z_b=0$，这样就得到了(b_{ij})问题的最优解(x_{ij}^*)；根据定理 1，它也是原问题的最优解。

在实际工作中，常会遇到许多非标准形的指派模型问题的求解，当效益阵为非方阵的情况时，可设效益阵为$(c_{ij})_{m\times n}$，且$m\neq n$。也就是说，其处理方法是先将它们转为标准形式，再对其利用匈牙利法求解。这又包括$m>n$与$m<n$两种情况。当对象个数m超过任务项数n，要从m个对象中挑选n个对象去完成任务时，这种情况比较常见，也就是说，人多事少情况下，则增加一些虚拟的“事件”，这些“事件”被每个人完成的参数可取0。同理，人少事多，或一个人可做几件事的指派问题，都要事先化成标准形所要求的方阵。例如，人多事少时，可虚设$m-n$项任务，因为是虚设的，所以每个对象完成这些“任务”时的效益都为0。

本研究中，将$m\times n$阶矩阵化为以下的一个m阶方阵（见表6－26），即可按匈牙利方法来进行解析。

表6－26　非标准形的m阶方阵转换

人员	课题						
	课题1	课题2	课题3	课题4	课题5	课题6	课题7
1	c_{11}	c_{12}	c_{13}	c_{14}	c_{15}	0	0
2	c_{21}	c_{22}	c_{23}	c_{24}	c_{25}	0	0
3	c_{31}	c_{32}	c_{33}	c_{34}	c_{35}	0	0
4	c_{41}	c_{42}	c_{43}	c_{44}	c_{45}	0	0
5	c_{51}	c_{52}	c_{53}	c_{54}	c_{55}	0	0
6	c_{61}	c_{62}	c_{63}	c_{64}	c_{65}	0	0
7	c_{71}	c_{72}	c_{73}	c_{74}	c_{75}	0	0

建立表中的数学模型，为此引入0－1变量：

$$x_{ij}=\{^{1,\text{指派第}i\text{人完成第}j\text{项目}}_{0,\text{否则}}$$

以上的可行解需用一解矩阵表示，它的一个可行解为4阶排列阵：

$$(x_{ij})=\begin{bmatrix}0&0&1&0\\1&0&0&0\\0&1&0&0\\0&0&0&1\end{bmatrix}$$

类似可得一般指派问题的数学模型。

6.12.2　0元素变动的最优解运算与模型答案

通常情况下要经过多次矩阵变换和多次最优性检验才能得到结果，矩阵不转置情况并不多见，需多次矩阵变换和多次最优性检验才能得到结果。因此，针对$n_b<n$的情况继续加以讨论。假若按表中的效益矩阵转置变换进行如下运算。

$$
\begin{pmatrix}
13 & 12 & 11 & 15 & 16 & 0 & 0 \\
9 & 10 & 11 & 14 & 10 & 0 & 0 \\
11 & 10 & 12 & 13 & 15 & 0 & 0 \\
15 & 13 & 11 & 13 & 10 & 0 & 0 \\
11 & 13 & 9 & 13 & 13 & 0 & 0 \\
12 & 9 & 14 & 10 & 14 & 0 & 0 \\
12 & 13 & 12 & 12 & 10 & 0 & 0 \\
9 & 9 & 9 & 10 & 10 & &
\end{pmatrix}
\rightarrow
\begin{pmatrix}
4 & 3 & 2 & 5 & 6 & 0 & 0 \\
0 & 1 & 2 & 4 & 0 & 0 & 0 \\
2 & 1 & 3 & 3 & 5 & 0 & 0 \\
6 & 4 & 2 & 3 & 0 & 0 & 0 \\
2 & 4 & 0 & 3 & 3 & 0 & 0 \\
3 & 0 & 5 & 0 & 4 & 0 & 0 \\
3 & 4 & 3 & 2 & 0 & 0 & 0
\end{pmatrix}
\rightarrow
$$

$$
\begin{pmatrix}
4 & 3 & 2 & 5 & 6 & \oplus & \otimes \\
\oplus & 1 & 2 & 4 & \otimes & \otimes & \otimes \\
2 & 1 & 3 & 3 & 5 & \otimes & \otimes \\
6 & 4 & 2 & 3 & \otimes & \otimes & \oplus \\
2 & 4 & \oplus & 3 & 3 & \otimes & \otimes \\
3 & \oplus & 5 & \otimes & 4 & \otimes & \otimes \\
3 & 4 & 3 & 2 & \oplus & \otimes & \otimes
\end{pmatrix}
= B_i
$$

$$
\begin{pmatrix}
4 & 3 & 2 & 5 & 6 & \oplus & \otimes & \surd \\
\oplus & 1 & 2 & 4 & \otimes & \otimes & \otimes & \\
2 & 1 & 3 & 3 & 5 & \otimes & \otimes & \surd \\
6 & 4 & 2 & 3 & \otimes & \otimes & \oplus & \surd \\
2 & 4 & \oplus & 3 & 3 & \otimes & \otimes & \\
3 & \oplus & 5 & \otimes & 4 & \otimes & \otimes & \\
3 & 4 & 3 & 2 & \oplus & \otimes & \otimes & \surd \\
 & & & & \surd & \surd & \surd &
\end{pmatrix}
\rightarrow
\begin{pmatrix}
4 & 3 & 2 & 5 & 6 & \oplus & \otimes & \surd \\
\oplus & 1 & 2 & 4 & \otimes & \otimes & \otimes & \\
2 & 1 & 3 & 3 & 5 & \otimes & \otimes & \surd \\
6 & 4 & 2 & 3 & \otimes & \otimes & \oplus & \surd \\
2 & 4 & \oplus & 3 & 3 & \otimes & \otimes & \\
3 & \oplus & 5 & \otimes & 4 & \otimes & \otimes & \\
3 & 4 & 3 & 2 & \oplus & \otimes & \otimes & \surd \\
 & & & & \surd & \surd & \surd &
\end{pmatrix}
= B'_1 \rightarrow
$$

$$
\begin{pmatrix}
3 & 2 & 1 & 4 & 6 & 0 & 0 \\
0 & 1 & 2 & 4 & 1 & 1 & 1 \\
1 & 0 & 2 & 2 & 5 & 0 & 0 \\
5 & 3 & 1 & 2 & 0 & 0 & 0 \\
2 & 4 & 0 & 3 & 4 & 1 & 1 \\
3 & 0 & 5 & 0 & 5 & 1 & 1 \\
2 & 3 & 2 & 1 & 0 & 0 & 0
\end{pmatrix}
\rightarrow
\begin{pmatrix}
3 & 2 & 1 & 4 & 6 & \oplus & \otimes & \surd \\
\oplus & 1 & 2 & 4 & 1 & 1 & 1 & \\
1 & \otimes & 2 & 2 & 5 & \otimes & \oplus & \surd \\
5 & 3 & 1 & 2 & \oplus & \otimes & \otimes & \surd \\
2 & 4 & \oplus & 3 & 4 & 1 & 1 & \\
3 & \oplus & 5 & \otimes & 5 & 1 & 1 & \\
2 & 3 & 2 & 1 & \otimes & \otimes & \otimes & \surd \\
 & \surd & & & \surd & \surd & \surd &
\end{pmatrix}
\rightarrow
$$

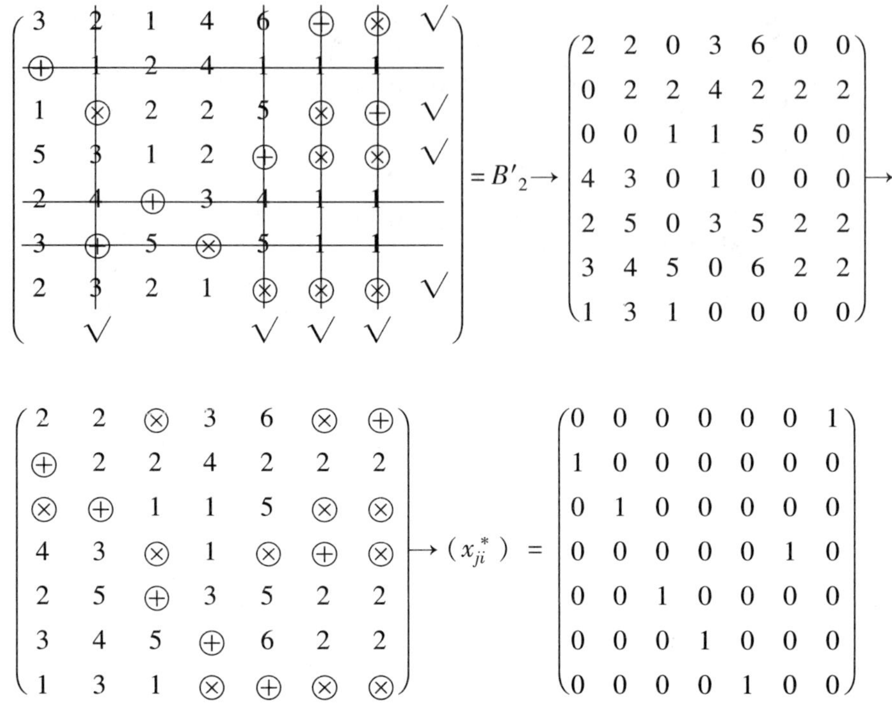

从效益矩阵的每行减去该行的最小元素（位势 u_i）；从所得矩阵的每列减去该列的最小元素（列位势 v_j）。效益矩阵经过初始变换，矩阵（B_{ij}）的每行每列都有了 0 元素。在本研究中，此时若能从 B_{ij} 中打到 7 个位于不同行、不同列的 0 元素，则问题就得到解决，否则仍须继续进行矩阵变换。

令 n_b = 位于 B_{ij} 中不同行、不同列的 0 元素的最多个数，则最优性检验的条件是：$n_b = n$?，若满足该条件的 B_{ij} 称为最优阵，否则称为非最优阵。检查（B_{ij}）的每行每列，从中找出未加标记的 0 元素最少一排，从该排圈出一个 0 元素以⊕号表示；把刚得到的⊕元所在行、列中的其余 0 元素划去以⊗号表示；凡是⊕和⊗号就成为加了标记的 0 元素；逐次进行下去，直到以下描述的 B_{ij} 中所有的 0 元素都加上标记为止。可以得到保证：这样得到的⊕元一定位于不同行、不同列，且其个数就等于 n_b。因此，若此时得到 n 个⊕元，则 $n_b = n$，已符合最优性条件。对相关⊕元和⊗的列进行打√号。对没有打√号的行画横线，对所有打√号的列画竖线，达到以下的 B_{ij} 能覆盖所有 0 元素的最少直线的集合。

对于以上非最优阵进行 0 元素移动的变换。在未被直线覆盖的所有元素中，找出最小元素；所有未被直线覆盖及覆盖线交叉处的元素分别加减该最小元素，其余元素不变。由于 B_1 阵只有 6 个⊕元，即 $n_b = 6 < n = 7$，故上述 B_1 是一个非最优阵，继续实施变换，直至矩阵中给出 7 个⊕元，即 $n_b = 7 = n$，故已得最优阵。因此只需令这些⊕元所对应的 $x_{ij} = 1$，其余 $x_{ij} = 0$，求得该最优阵对应最优解的转置形式。

建议这 5 个课题的项目负责人分别由表 6－27 中的 5 人承担，以供管理层参考决策。

表 6-27　重点攻关 5 个课题的项目负责人推荐

人员	人员 2	人员 3	人员 5	人员 6	人员 7
课题	课题 1	课题 2	课题 3	课题 4	课题 5

预计初步提前完成任务相应所需时间为：$Z^* = 9 + 10 + 9 + 10 + 10 = 48$（月）。

附录A 统计数值表

表A.1 z数值表

No	次数																	
	15	16	17	18	19	20	21	22	23	24	25	26	27	28	29	30	31	32
1	-1.83	-1.86	-1.89	-1.91	-1.94	-1.96	-1.98	-2.00	-2.02	-2.04	-2.05	-2.07	-2.09	-2.10	-2.11	-2.13	-2.14	-2.15
2	-1.28	-1.32	-1.35	-1.38	-1.41	-1.44	-1.47	-1.49	-1.51	-1.53	-1.55	-1.57	-1.59	-1.61	-1.63	-1.64	-1.66	-1.68
3	-0.97	-1.01	-1.05	-1.09	-1.12	-1.15	-1.18	-1.21	-1.23	-1.26	-1.28	-1.30	-1.32	-1.35	-1.36	-1.38	-1.40	-1.42
4	-0.73	-0.78	-0.82	-0.86	-0.90	-0.93	-0.97	-1.00	-1.03	-1.05	-1.08	-1.10	-1.13	-1.15	-1.17	-1.19	-1.21	-1.23
5	-0.52	-0.58	-0.63	-0.67	-0.72	-0.76	-0.79	-0.83	-0.86	-0.89	-0.92	-0.94	-0.97	-0.99	-1.01	-1.04	-1.06	-1.08
6	-0.34	-0.40	-0.46	-0.51	-0.55	-0.60	-0.64	-0.67	-0.71	-0.74	-0.77	-0.80	-0.83	-0.85	-0.88	-0.90	-0.93	-0.95
7	-0.17	-0.24	-0.30	-0.36	-0.41	-0.45	-0.50	-0.54	-0.58	-0.61	-0.64	-0.67	-0.70	-0.73	-0.76	-0.78	-0.81	-0.83
8	0.00	-0.08	-0.15	-0.21	-0.27	-0.32	-0.37	-0.41	-0.45	-0.49	-0.52	-0.56	-0.59	-0.62	-0.65	-0.67	-0.70	-0.72
9	0.17	-0.08	0.00	-0.07	-0.13	-0.19	-0.24	-0.29	-0.33	-0.37	-0.41	-0.45	-0.48	-0.51	-0.54	-0.57	-0.60	-0.63
10	0.34	0.24	0.15	0.07	0.00	-0.06	-0.12	-0.17	-0.22	-0.26	-0.31	-0.34	-0.38	-0.41	-0.45	-0.48	-0.51	-0.53
11	0.52	0.40	0.30	0.21	0.13	0.06	0.00	-0.06	-0.11	-0.16	-0.20	-0.24	-0.28	-0.32	-0.35	-0.39	-0.42	-0.45
12	0.73	0.58	0.46	0.36	0.27	0.19	0.12	0.06	0.00	-0.05	-0.10	-0.15	-0.19	-0.23	-0.26	-0.30	-0.33	-0.36
13	0.97	0.78	0.63	0.51	0.41	0.32	0.24	0.17	0.11	0.05	0.00	-0.05	-0.09	-0.13	-0.17	-0.21	-0.25	-0.28
14	1.28	1.01	0.82	0.67	0.55	0.45	0.37	0.29	0.22	0.16	0.10	0.05	0.00	-0.04	-0.09	-0.13	-0.16	-0.20
15	1.83	1.32	1.05	0.86	0.72	0.60	0.50	0.41	0.33	0.26	0.20	0.15	0.09	0.04	0.00	-0.04	-0.08	-0.12
16		1.86	1.35	1.09	0.90	0.76	0.64	0.54	0.45	0.37	0.31	0.24	0.19	0.13	0.09	0.04	0.00	-0.04
17			1.89	1.38	1.12	0.93	0.79	0.67	0.58	0.49	0.41	0.34	0.28	0.23	0.17	0.13	0.08	0.04
18				1.91	1.41	1.15	0.97	0.83	0.71	0.61	0.52	0.45	0.38	0.32	0.26	0.21	0.16	0.12
19					1.94	1.44	1.18	1.00	0.86	0.74	0.64	0.56	0.48	0.41	0.35	0.30	0.25	0.20
20						1.96	1.47	1.21	1.03	0.89	0.77	0.67	0.59	0.51	0.45	0.39	0.33	0.28
21							1.98	1.49	1.23	1.05	0.92	0.80	0.70	0.62	0.54	0.48	0.42	0.36
22								2.00	1.51	1.26	1.08	0.94	0.83	0.73	0.65	0.57	0.51	0.45
23									2.02	1.53	1.28	1.10	0.97	0.85	0.76	0.67	0.60	0.53
24										2.04	1.55	1.30	1.13	0.99	0.88	0.78	0.70	0.63
25											2.05	1.57	1.32	1.15	1.01	0.90	0.81	0.72
26												2.07	1.59	1.35	1.17	1.04	0.93	0.83
27													2.09	1.61	1.36	1.19	1.06	0.95
28														2.10	1.63	1.38	1.21	1.08
29															2.11	1.64	1.40	1.23
30																2.13	1.66	1.42
31																	2.14	1.68
32																		2.15

续表

No	次数																	
	33	34	35	36	37	38	39	40	41	42	43	44	45	46	47	48	49	50
1	-2.17	-2.18	-2.19	-2.20	-2.21	-2.22	-2.23	-2.24	-2.25	-2.26	-2.27	-2.28	-2.29	-2.29	-2.30	-2.31	-2.32	-2.33
2	-1.69	-1.70	-1.72	-1.73	-1.74	-1.76	-1.77	-1.78	-1.79	-1.80	-1.81	-1.82	-1.83	-1.84	-1.85	-1.86	-1.87	-1.88
3	-1.43	-1.45	-1.47	-1.48	-1.49	-1.51	-1.52	-1.53	-1.55	-1.56	-1.57	-1.58	-1.59	-1.60	-1.61	-1.62	-1.64	-1.64
4	-1.25	-1.26	-1.28	-1.30	-1.31	-1.33	-1.34	-1.36	-1.37	-1.38	-1.40	-1.41	-1.42	-1.43	-1.44	-1.45	-1.47	-1.48
5	-1.10	-1.12	-1.13	-1.15	-1.17	-1.18	-1.20	-1.21	-1.23	-1.24	-1.26	-1.27	-1.28	-1.29	-1.31	-1.32	-1.33	-1.34
6	-0.97	-0.99	-1.01	-1.02	-1.04	-1.06	-1.08	-1.09	-1.11	-1.12	-1.14	-1.15	-1.16	-1.18	-1.19	-1.20	-1.21	-1.23
7	-0.85	-0.87	-0.89	-0.91	-0.93	-0.95	-0.97	-0.98	-1.00	-1.02	-1.03	-1.05	-1.06	-1.07	-1.09	-1.10	-1.11	-1.13
8	-0.75	-0.77	-0.79	-0.81	-0.83	-0.85	-0.87	-0.89	-0.90	-0.92	-0.94	-0.95	-0.97	-0.98	-1.00	-1.01	-1.02	-1.04
9	-0.65	-0.67	-0.70	-0.72	-0.74	-0.76	-0.78	-0.80	-0.82	-0.83	-0.85	-0.87	-0.88	-0.90	-0.91	-0.93	-0.94	-0.95
10	-0.56	-0.58	-0.61	-0.63	-0.65	-0.67	-0.69	-0.71	-0.73	-0.75	-0.77	-0.79	-0.80	-0.82	-0.83	-0.85	-0.86	-0.88
11	-0.47	-0.50	-0.52	-0.55	-0.57	-0.59	-0.62	-0.64	-0.66	-0.67	-0.69	-0.71	-0.73	-0.74	-0.76	-0.78	-0.79	-0.81
12	-0.39	-0.42	-0.44	-0.47	-0.49	-0.52	-0.54	-0.56	-0.58	-0.60	-0.62	-0.64	-0.66	-0.67	-0.69	-0.71	-0.72	-0.74
13	-0.31	-0.34	-0.37	-0.39	-0.42	-0.44	-0.47	-0.49	-0.51	-0.53	-0.55	-0.57	-0.59	-0.61	-0.63	-0.64	-0.66	-0.67
14	-0.23	-0.26	-0.29	-0.32	-0.35	-0.37	-0.40	-0.42	-0.44	-0.46	-0.48	-0.50	-0.52	-0.54	-0.56	-0.58	-0.60	-0.61
15	-0.15	-0.19	-0.22	-0.25	-0.27	-0.30	-0.33	-0.35	-0.38	-0.40	-0.42	-0.44	-0.46	-0.48	-0.50	-0.52	-0.54	-0.55
16	-0.08	-0.11	-0.14	-0.17	-0.20	-0.23	-0.26	-0.29	-0.31	-0.33	-0.36	-0.38	-0.40	-0.42	-0.44	-0.46	-0.48	-0.50
17	0.00	-0.04	-0.07	-0.10	-0.14	-0.17	-0.19	-0.22	-0.25	-0.27	-0.30	-0.32	-0.34	-0.36	-0.38	-0.40	-0.42	-0.44
18	0.08	0.04	0.00	-0.03	-0.07	-0.10	-0.13	-0.16	-0.18	-0.21	-0.24	-0.26	-0.28	-0.30	-0.33	-0.35	-0.37	-0.39
19	0.15	0.11	0.07	0.03	0.00	-0.03	-0.06	-0.09	-0.12	-0.15	-0.18	-0.20	-0.22	-0.25	-0.27	-0.29	-0.31	-0.33
20	0.23	0.19	0.14	0.10	0.07	0.03	0.00	-0.03	-0.06	-0.09	-0.12	-0.14	-0.17	-0.19	-0.21	-0.24	-0.26	-0.28
21	0.31	0.26	0.22	0.17	0.14	0.10	0.06	0.03	0.00	-0.03	-0.06	-0.09	-0.11	-0.14	-0.16	-0.18	-0.21	-0.23
22	0.39	0.34	0.29	0.25	0.20	0.17	0.13	0.09	0.06	0.03	0.00	-0.03	-0.06	-0.08	-0.11	-0.13	-0.15	-0.18
23	0.47	0.42	0.37	0.32	0.27	0.23	0.19	0.16	0.12	0.09	0.06	0.03	0.00	-0.03	-0.05	-0.08	-0.10	-0.13
24	0.56	0.50	0.44	0.39	0.35	0.30	0.26	0.22	0.18	0.15	0.12	0.09	0.06	0.03	0.00	-0.03	-0.05	-0.08
25	0.65	0.58	0.52	0.47	0.42	0.37	0.33	0.29	0.25	0.21	0.18	0.14	0.11	0.08	0.05	0.03	0.00	-0.03

续表

No	次数																	
	33	34	35	36	37	38	39	40	41	42	43	44	45	46	47	48	49	50
26	0.75	0.67	0.61	0.55	0.49	0.44	0.40	0.35	0.31	0.27	0.24	0.20	0.17	0.14	0.11	0.08	0.05	0.03
27	0.85	0.77	0.70	0.63	0.57	0.52	0.47	0.42	0.38	0.33	0.30	0.26	0.22	0.19	0.16	0.13	0.10	0.08
28	0.97	0.87	0.79	0.72	0.65	0.59	0.54	0.49	0.44	0.40	0.36	0.32	0.28	0.25	0.21	0.18	0.15	0.13
29	1.10	0.99	0.89	0.81	0.74	0.67	0.62	0.56	0.51	0.46	0.42	0.38	0.34	0.30	0.27	0.24	0.21	0.18
30	1.25	1.12	1.01	0.91	0.83	0.76	0.69	0.64	0.58	0.53	0.48	0.44	0.40	0.36	0.33	0.29	0.26	0.23
31	1.43	1.26	1.13	1.02	0.93	0.85	0.78	0.71	0.66	0.60	0.55	0.50	0.46	0.42	0.38	0.35	0.31	0.28
32	1.69	1.45	1.28	1.15	1.04	0.95	0.87	0.80	0.73	0.67	0.62	0.57	0.52	0.48	0.44	0.40	0.37	0.33
33	2.17	1.70	1.47	1.30	1.17	1.06	0.97	0.89	0.82	0.75	0.69	0.64	0.59	0.54	0.50	0.46	0.42	0.39
34		2.18	1.72	1.48	1.31	1.18	1.08	0.98	0.90	0.83	0.77	0.71	0.66	0.61	0.56	0.52	0.48	0.44
35			2.19	1.73	1.49	1.33	1.20	1.09	1.00	0.92	0.85	0.79	0.73	0.67	0.63	0.58	0.54	0.50
36				2.20	1.74	1.51	1.34	1.21	1.11	1.02	0.94	0.87	0.80	0.74	0.69	0.64	0.60	0.55
37					2.21	1.76	1.52	1.36	1.23	1.12	1.03	0.95	0.88	0.82	0.76	0.71	0.66	0.61
38						2.22	1.77	1.53	1.37	1.24	1.14	1.05	0.97	0.90	0.83	0.78	0.72	0.67
39							2.23	1.78	1.55	1.38	1.26	1.15	1.06	0.98	0.91	0.85	0.79	0.74
40								2.24	1.79	1.56	1.40	1.27	1.16	1.07	1.00	0.93	0.86	0.81
41									2.25	1.80	1.57	1.41	1.28	1.18	1.09	1.01	0.94	0.88
42										2.26	1.81	1.58	1.42	1.29	1.19	1.10	1.02	0.95
43											2.27	1.82	1.59	1.43	1.31	1.20	1.11	1.04
44												2.28	1.83	1.60	1.44	1.32	1.21	1.13
45													2.29	1.84	1.61	1.45	1.33	1.23
46														2.29	1.85	1.62	1.47	1.34
47															2.30	1.86	1.64	1.48
48																2.31	1.87	1.64
49																	2.32	1.88
50																		2.33

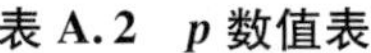

表 A.2 p 数值表

w_i	-0.09	-0.08	-0.07	-0.06	-0.05	-0.04	-0.03	-0.02	-0.01	0.00
-3.5	0.0002	0.0002	0.0002	0.0002	0.0002	0.0002	0.0002	0.0002	0.0002	0.0002
-3.4	0.0002	0.0003	0.0003	0.0003	0.0003	0.0003	0.0003	0.0003	0.0003	0.0003
-3.3	0.0003	0.0004	0.0004	0.0004	0.0004	0.0004	0.0004	0.0005	0.0005	0.0005
-3.2	0.0005	0.0005	0.0005	0.0006	0.0006	0.0006	0.0006	0.0006	0.0007	0.0007
-3.1	0.0007	0.0007	0.0008	0.0008	0.0008	0.0008	0.0009	0.0009	0.0009	0.0010
-3.0	0.0010	0.0010	0.0011	0.0011	0.0011	0.0012	0.0012	0.0013	0.0013	0.0013
-2.9	0.0014	0.0014	0.0015	0.0015	0.0016	0.0016	0.0017	0.0018	0.0018	0.0019
-2.8	0.0019	0.0020	0.0021	0.0021	0.0022	0.0023	0.0023	0.0024	0.0025	0.0026
-2.7	0.0026	0.0027	0.0028	0.0029	0.0030	0.0031	0.0032	0.0033	0.0034	0.0035
-2.6	0.0036	0.0037	0.0038	0.0039	0.0040	0.0041	0.0043	0.0044	0.0045	0.0047
-2.5	0.0048	0.0049	0.0051	0.0052	0.0054	0.0055	0.0057	0.0059	0.0060	0.0062
-2.4	0.0064	0.0066	0.0068	0.0069	0.0071	0.0073	0.0075	0.0078	0.0080	0.0082
-2.3	0.0084	0.0087	0.0089	0.0091	0.0094	0.0096	0.0099	0.0102	0.0104	0.0107
-2.2	0.0110	0.0113	0.0116	0.0119	0.0122	0.0125	0.0129	0.0132	0.0136	0.0139
-2.1	0.0143	0.0146	0.0150	0.0154	0.0158	0.0162	0.0166	0.0170	0.0174	0.0179
-2.0	0.0183	0.0188	0.0192	0.0197	0.0202	0.0207	0.0212	0.0217	0.0222	0.0228
-1.9	0.0233	0.0239	0.0244	0.0250	0.0256	0.0262	0.0268	0.0274	0.0281	0.0287
-1.8	0.0294	0.0301	0.0307	0.0314	0.0322	0.0329	0.0336	0.0344	0.0351	0.0359
-1.7	0.0367	0.0375	0.0384	0.0392	0.0401	0.0409	0.0418	0.0427	0.0436	0.0446
-1.6	0.0455	0.0465	0.0475	0.0485	0.0495	0.0505	0.0516	0.0526	0.0537	0.0548
-1.5	0.0559	0.0571	0.0582	0.0594	0.0606	0.0618	0.0630	0.0643	0.0655	0.0668
-1.4	0.0681	0.0694	0.0708	0.0721	0.0735	0.0749	0.0764	0.0778	0.0793	0.0808
-1.3	0.0823	0.0838	0.0853	0.0869	0.0885	0.0901	0.0918	0.0934	0.0951	0.0968
-1.2	0.0985	0.1003	0.1020	0.1038	0.1056	0.1075	0.1093	0.1112	0.1131	0.1151
-1.1	0.1170	0.1190	0.1210	0.1230	0.1251	0.1271	0.1292	0.1314	0.1335	0.1357
-1.0	0.1379	0.1401	0.1423	0.1446	0.1469	0.1492	0.1515	0.1539	0.1562	0.1587
-0.9	0.1611	0.1635	0.1660	0.1685	0.1711	0.1736	0.1762	0.1788	0.1814	0.1841
-0.8	0.1867	0.1894	0.1922	0.1949	0.1977	0.2005	0.2033	0.2061	0.2090	0.2119
-0.7	0.2148	0.2177	0.2206	0.2236	0.2266	0.2296	0.2327	0.2358	0.2389	0.2420
-0.6	0.2451	0.2483	0.2514	0.2546	0.2578	0.2611	0.2643	0.2676	0.2709	0.2743
-0.5	0.2776	0.2810	0.2843	0.2877	0.2912	0.2946	0.2981	0.3015	0.3050	0.3085
-0.4	0.3121	0.3156	0.3192	0.3228	0.3264	0.3300	0.3336	0.3372	0.3409	0.3446
-0.3	0.3483	0.3520	0.3557	0.3594	0.3632	0.3669	0.3707	0.3745	0.3783	0.3821
-0.2	0.3859	0.3897	0.3936	0.3974	0.4013	0.4052	0.4090	0.4129	0.4168	0.4207
-0.1	0.4247	0.4286	0.4325	0.4364	0.4404	0.4443	0.4483	0.4522	0.4562	0.4602
0.0	0.4641	0.4681	0.4721	0.4761	0.4801	0.4840	0.4880	0.4920	0.4960	0.5000

续表

w_i	0.00	0.01	0.02	0.03	0.04	0.05	0.06	0.07	0.08	0.09
0.0	0.5000	0.5040	0.5080	0.5120	0.5160	0.5199	0.5239	0.5279	0.5319	0.5359
0.1	0.5398	0.5438	0.5478	0.5517	0.5557	0.5596	0.5636	0.5675	0.5714	0.5753
0.2	0.5793	0.5832	0.5871	0.5910	0.5948	0.5987	0.6026	0.6064	0.6103	0.6141
0.3	0.6179	0.6217	0.6255	0.6293	0.6331	0.6368	0.6406	0.6443	0.6480	0.6517
0.4	0.6554	0.6591	0.6628	0.6664	0.6700	0.6736	0.6772	0.6808	0.6844	0.6879
0.5	0.6915	0.6950	0.6985	0.7019	0.7054	0.7088	0.7123	0.7157	0.7190	0.7224
0.6	0.7257	0.7291	0.7324	0.7357	0.7389	0.7422	0.7454	0.7486	0.7517	0.7549
0.7	0.7580	0.7611	0.7642	0.7673	0.7704	0.7734	0.7764	0.7794	0.7823	0.7852
0.8	0.7881	0.7910	0.7939	0.7967	0.7995	0.8023	0.8051	0.8078	0.8106	0.8133
0.9	0.8159	0.8186	0.8212	0.8238	0.8264	0.8289	0.8315	0.8340	0.8365	0.8389
1.0	0.8413	0.8438	0.8461	0.8485	0.8508	0.8531	0.8554	0.8577	0.8599	0.8621
1.1	0.8643	0.8665	0.8686	0.8708	0.8729	0.8749	0.8770	0.8790	0.8810	0.8830
1.2	0.8849	0.8869	0.8888	0.8907	0.8925	0.8944	0.8962	0.8980	0.8997	0.9015
1.3	0.9032	0.9049	0.9066	0.9082	0.9099	0.9115	0.9131	0.9147	0.9162	0.9177
1.4	0.9192	0.9207	0.9222	0.9236	0.9251	0.9265	0.9279	0.9292	0.9306	0.9319
1.5	0.9332	0.9345	0.9357	0.9370	0.9382	0.9394	0.9406	0.9418	0.9429	0.9441
1.6	0.9452	0.9463	0.9474	0.9484	0.9495	0.9505	0.9515	0.9525	0.9535	0.9545
1.7	0.9554	0.9564	0.9573	0.9582	0.9591	0.9599	0.9608	0.9616	0.9625	0.9633
1.8	0.9641	0.9649	0.9656	0.9664	0.9671	0.9678	0.9686	0.9693	0.9699	0.9706
1.9	0.9713	0.9719	0.9726	0.9732	0.9738	0.9744	0.9750	0.9756	0.9761	0.9767
2.0	0.9772	0.9778	0.9783	0.9788	0.9793	0.9798	0.9803	0.9808	0.9812	0.9817
2.1	0.9821	0.9826	0.9830	0.9834	0.9838	0.9842	0.9846	0.9850	0.9854	0.9857
2.2	0.9861	0.9864	0.9868	0.9871	0.9875	0.9878	0.9881	0.9884	0.9887	0.9890
2.3	0.9893	0.9896	0.9898	0.9901	0.9904	0.9906	0.9909	0.9911	0.9913	0.9916
2.4	0.9918	0.9920	0.9922	0.9925	0.9927	0.9929	0.9931	0.9932	0.9934	0.9936
2.5	0.9938	0.9940	0.9941	0.9943	0.9945	0.9946	0.9948	0.9949	0.9951	0.9952
2.6	0.9953	0.9955	0.9956	0.9957	0.9959	0.9960	0.9961	0.9962	0.9963	0.9964
2.7	0.9965	0.9966	0.9967	0.9968	0.9969	0.9970	0.9971	0.9972	0.9973	0.9974
2.8	0.9974	0.9975	0.9976	0.9977	0.9977	0.9978	0.9979	0.9979	0.9980	0.9981
2.9	0.9981	0.9982	0.9982	0.9983	0.9984	0.9984	0.9985	0.9985	0.9986	0.9986
3.0	0.9987	0.9987	0.9987	0.9988	0.9988	0.9989	0.9989	0.9989	0.9990	0.9990
3.1	0.9990	0.9991	0.9991	0.9991	0.9992	0.9992	0.9992	0.9992	0.9993	0.9993
3.2	0.9993	0.9993	0.9994	0.9994	0.9994	0.9994	0.9994	0.9995	0.9995	0.9995
3.3	0.9995	0.9995	0.9995	0.9996	0.9996	0.9996	0.9996	0.9996	0.9996	0.9997
3.4	0.9997	0.9997	0.9997	0.9997	0.9997	0.9997	0.9997	0.9997	0.9997	0.9998
3.5	0.9998	0.9998	0.9998	0.9998	0.9998	0.9998	0.9998	0.9998	0.9998	0.9998

注：w_i为左列和顶行数字的和

表 A.3　*t* 分布双侧情形分位数表

n	$t_{0.975}$	n	$t_{0.975}$
1	12.7062	16	2.1199
2	4.3027	17	2.1098
3	3.1824	18	2.1009
4	2.7764	19	2.0930
5	2.5706	20	2.0860
6	2.4469	21	2.0796
7	2.3646	22	2.0739
8	2.3060	23	2.0687
9	2.2622	24	2.0639
10	2.2281	25	2.0595
11	2.2010	26	2.0555
12	2.1788	27	2.0518
13	2.1604	28	2.0484
14	2.1448	29	2.0452
15	2.1314	30	2.0423

表 A.4　*F* 分布分位数表($F_{0.95}$)

n_2	n_1																
	2	3	4	5	6	7	8	9	10	12	14	16	18	20	25	30	60
4	6.94	6.59	6.39	6.26	6.16	6.09	6.04	6.00	5.96	5.91	5.87	5.84	5.82	5.80	5.77	5.75	5.69
5	5.79	5.41	5.19	5.05	4.95	4.88	4.82	4.77	4.74	4.68	4.64	4.60	4.58	4.56	4.52	4.50	4.43
6	5.14	4.76	4.53	4.39	4.28	4.21	4.15	4.10	4.06	4.00	3.96	3.92	3.90	3.87	3.83	3.81	3.74
7	4.74	4.35	4.12	3.97	3.87	3.79	3.73	3.68	3.64	3.57	3.53	3.49	3.47	3.44	3.40	3.38	3.30
8	4.46	4.07	3.84	3.69	3.58	3.50	3.44	3.39	3.35	3.28	3.24	3.20	3.17	3.15	3.11	3.08	3.01
9	4.26	3.86	3.63	3.48	3.37	3.29	3.23	3.18	3.14	3.07	3.03	2.99	2.96	2.94	2.89	2.86	2.79
10	4.10	3.71	3.48	3.33	3.22	3.14	3.07	3.02	2.98	2.91	2.86	2.83	2.80	2.77	2.73	2.70	2.62
12	3.89	3.49	3.26	3.11	3.00	2.91	2.85	2.80	2.75	2.69	2.64	2.60	2.57	2.54	2.50	2.47	2.38
14	3.74	3.34	3.11	2.96	2.85	2.76	2.70	2.65	2.60	2.53	2.48	2.44	2.41	2.39	2.34	2.31	2.22
16	3.63	3.24	3.01	2.85	2.74	2.66	2.59	2.54	2.49	2.42	2.37	2.33	2.30	2.28	2.23	2.19	2.11
18	3.55	3.16	2.93	2.77	2.66	2.58	2.51	2.46	2.41	2.34	2.29	2.25	2.22	2.19	2.14	2.11	2.02
20	3.49	3.10	2.87	2.71	2.60	2.51	2.45	2.39	2.35	2.28	2.22	2.18	2.15	2.12	2.07	2.04	1.95
25	3.39	2.99	2.76	2.60	2.49	2.40	2.34	2.28	2.24	2.16	2.11	2.07	2.04	2.01	1.96	1.92	1.82
30	3.32	2.92	2.69	2.53	2.42	2.33	2.27	2.21	2.16	2.09	2.04	1.99	1.96	1.93	1.88	1.84	1.74
60	3.15	2.76	2.53	2.37	2.25	2.17	2.10	2.04	1.99	1.92	1.86	1.82	1.78	1.75	1.69	1.65	1.53
120	3.07	2.68	2.45	2.29	2.18	2.09	2.02	1.96	1.91	1.83	1.78	1.73	1.69	1.66	1.60	1.55	1.43

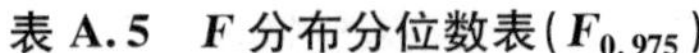

表 A.5 F 分布分位数表($F_{0.975}$)

n_2	n_1													
	7	8	9	10	12	14	16	18	20	25	30	40	50	100
7	4.99	4.90	4.82	4.76	4.67	4.60	4.54	4.50	4.47	4.40	4.36	4.31	4.28	4.21
8	4.53	4.43	4.36	4.30	4.20	4.13	4.08	4.03	4.00	3.94	3.89	3.84	3.81	3.74
9	4.20	4.10	4.03	3.96	3.87	3.80	3.74	3.70	3.67	3.60	3.56	3.51	3.47	3.40
10	3.95	3.85	3.78	3.72	3.62	3.55	3.50	3.45	3.42	3.35	3.31	3.26	3.22	3.15
11	3.76	3.66	3.59	3.53	3.43	3.36	3.30	3.26	3.23	3.16	3.12	3.06	3.03	2.96
12	3.61	3.51	3.44	3.37	3.28	3.21	3.15	3.11	3.07	3.01	2.96	2.91	2.87	2.80
13	3.48	3.39	3.31	3.25	3.15	3.08	3.03	2.98	2.95	2.88	2.84	2.78	2.74	2.67
14	3.38	3.29	3.21	3.15	3.05	2.98	2.92	2.88	2.84	2.78	2.73	2.67	2.64	2.56
15	3.29	3.20	3.12	3.06	2.96	2.89	2.84	2.79	2.76	2.69	2.64	2.59	2.55	2.47
16	3.22	3.12	3.05	2.99	2.89	2.82	2.76	2.72	2.68	2.61	2.57	2.51	2.47	2.40
17	3.16	3.06	2.98	2.92	2.82	2.75	2.70	2.65	2.62	2.55	2.50	2.44	2.41	2.33
18	3.10	3.01	2.93	2.87	2.77	2.70	2.64	2.60	2.56	2.49	2.44	2.38	2.35	2.27
19	3.05	2.96	2.88	2.82	2.72	2.65	2.59	2.55	2.51	2.44	2.39	2.33	2.30	2.22
20	3.01	2.91	2.84	2.77	2.68	2.60	2.55	2.50	2.46	2.40	2.35	2.29	2.25	2.17
25	2.85	2.75	2.68	2.61	2.51	2.44	2.38	2.34	2.30	2.23	2.18	2.12	2.08	2.00
30	2.74	2.65	2.57	2.51	2.41	2.34	2.28	2.23	2.20	2.12	2.07	2.01	1.97	1.88
35	2.68	2.58	2.50	2.44	2.34	2.27	2.21	2.16	2.12	2.05	2.00	1.93	1.89	1.80
40	2.62	2.53	2.45	2.39	2.29	2.21	2.15	2.11	2.07	1.99	1.94	1.88	1.83	1.74
45	2.58	2.49	2.41	2.35	2.25	2.17	2.11	2.07	2.03	1.95	1.90	1.83	1.79	1.69
50	2.55	2.46	2.38	2.32	2.22	2.14	2.08	2.03	1.99	1.92	1.87	1.80	1.75	1.66
60	2.51	2.41	2.33	2.27	2.17	2.09	2.03	1.98	1.94	1.87	1.82	1.74	1.70	1.60
70	2.47	2.38	2.30	2.24	2.14	2.06	2.00	1.95	1.91	1.83	1.78	1.71	1.66	1.56
80	2.45	2.35	2.28	2.21	2.11	2.03	1.97	1.92	1.88	1.81	1.75	1.68	1.63	1.53
90	2.43	2.34	2.26	2.19	2.09	2.02	1.95	1.91	1.86	1.79	1.73	1.66	1.61	1.50
100	2.42	2.32	2.24	2.18	2.08	2.00	1.94	1.89	1.85	1.77	1.71	1.64	1.59	1.48

表 A.6 95%和 99%概率下的 h 与 k 临界值

参加人员数	95%概率				99%概率			
	h 临界值	k 临界值,重复测量次数 n			h 临界值	k 临界值,重复测量次数 n		
		$n=2$	$n=3$	$n=4$		$n=2$	$n=3$	$n=4$
3	1.15	1.65	1.53	1.47	1.15	1.71	1.64	1.58
4	1.43	1.76	1.59	1.50	1.49	1.91	1.77	1.67
5	1.57	1.81	1.62	1.53	1.72	2.05	1.85	1.73

续表

参加人员数	95%概率				99%概率			
	h 临界值	k 临界值,重复测量次数 n			h 临界值	k 临界值,重复测量次数 n		
		$n=2$	$n=3$	$n=4$		$n=2$	$n=3$	$n=4$
6	1.66	1.85	1.64	1.54	1.87	2.14	1.90	1.77
7	1.71	1.87	1.66	1.55	1.98	2.20	1.94	1.79
8	1.75	1.88	1.67	1.56	2.06	2.25	1.97	1.81
9	1.78	1.90	1.68	1.57	2.13	2.29	1.99	1.82
10	1.80	1.90	1.68	1.57	2.18	2.32	2.00	1.84
11	1.82	1.91	1.69	1.58	2.22	2.34	2.01	1.85
12	1.83	1.91	1.69	1.58	2.25	2.36	2.02	1.85
13	1.84	1.92	1.69	1.58	2.27	2.38	2.03	18.6
14	1.85	1.92	1.70	1.59	2.30	2.39	2.04	1.87
15	1.86	1.93	1.70	1.59	2.32	2.41	2.05	1.87

表 A.7 χ^2分布单侧情形分位数表

n	$\chi^2_{0.99}$	n	$\chi^2_{0.99}$	n	$\chi^2_{0.99}$	n	$\chi^2_{0.99}$	n	$\chi^2_{0.99}$
7	18.5	13	27.7	19	36.2	25	44.3	35	57.3
8	20.1	14	29.1	20	37.6	26	45.6	40	63.7
9	21.7	15	30.6	21	38.9	27	47	45	70
10	23.2	16	32	22	40.3	28	48.3	50	76.2
11	24.7	17	33.4	23	41.6	29	49.6	55	82.3
12	26.2	18	34.8	24	43	30	50.9	60	88.4

附录 B　符号集注

符号	意义
A 类评定	以标准误作为测量结果的标准不确定度
AD	Anderson Darling 正态性与独立性统计检验
A^{2*}	正态统计量,A^2的修正值
A_s^{2*}	以标准差表示的 AD 统计
A_{MR}^{2*}	以移动极差表示的 AD 统计
AL	接受限
ANOVA	单因素方差分析
ARL	平均链长
ARV	接受参照值
ATV	结果赋值
B 类评定	根据经验或其他信息资料获得的标准不确定度
b	偏倚
b_{lab}	实验室的偏倚
bottom - up	误差传播模型,计量领域的测量不确定度评定路线
b_{rms}	均方根
b_{run}	批次内校准误差
b_{time}	室内的时间变异
$\beta_{\mathrm{cal}}(Y)$	来自于校准液给定值的系统误差,可从证书或制备过程中获知
$\beta_{\mathrm{curve}}(Y)$	来自校准曲线拟合的失拟误差
c_i	灵敏系数
c_p	过程能力指数
c_{pkl}	下过程能力指数
c_{pku}	上过程能力指数
CRM	有证标准样品
CS	核查样品

CSS	近似度平方和
CSS_0	无偏修正的近似度平方和
CSS_{1a}	常数修正的近似度平方和
CSS_{1b}	比例修正的近似度平方和
CSS_2	线性修正的近似度平方和
EDF	经验分布函数
EWMA	指数加权移动平均
h	室间一致性统计指标
I	单值
I_i	预处理结果
$\bar{I}$	预处理结果的平均值
IDE	检出限
ILC	室间研究
IQC	内部质量控制
IQE	定量限
k	室内一致性统计指标
LC	临界限
LCL	下行动限
LSL	下规格限
LCL_λ	EWMA 的下行动限
LWL	下警戒限
MR	移动极差
$\overline{MR}$	平均移动极差
MR_p	移动极差的合并估计值
MSSE	残差均方
MSSP	实验均方
MSSL	失拟均方

n	重复测量次数
OLS	普通最小二乘拟合
p_i	正态概率值
PC	过程能力
PP	过程性能
PR	精密度比值
PT	能力验证
P_p	过程性能指数
P_{pkl}	下过程性能指数
P_{pku}	上过程性能指数
QC 样品	质量控制样品
Q－Q 图	数据组间四分位点的正态概率图
r	重复性
R	复现性
$\bar{R}$	平均极差
R'	期间精密度
$\bar{R}_{\mathrm{rel}}$	相对极差的平均值
RM	标准样品
RSD	相对标准差
s	实验标准差
$\bar{s}$	平均标准差
s_{ARV_i}	ARV 的标准差
s_δ	平均值的不确定度
s_{1QR}	四分位标准差
s_r	重复性标准差
$s_{R'}$	期间精密度标准差
$s_{R'(p)}$	期间精密度标准差的合并估计值

$s_{R',\mathrm{rel}}$	相对期间精密度标准差
s_R	复现性标准差
SSE	残差平方和
SSP	实验平方和
SSL	失拟平方和
SPC	统计过程控制
T	浓度水平
top - down	误差分量模型,检测领域的测量不确定度评定路线
TPI	检测性能指标
TSS_X	X 法的总平方和
TSS_Y	Y 法的总平方和
U	扩展不确定度
u	标准不确定度
$u(\beta)$	系统误差修正后的标准不确定度
$u(d)$	样品和批次的随机误差
$u(\delta)$	偏倚的标准不确定度
$u_{p,\mathrm{rel}}$	相对偏倚的标准不确定度
$u_{r,\mathrm{rel(range)}}$	相对极差的标准不确定度
$u_{R',\mathrm{rel}}$	相对期间精密度的标准不确定度
UCL	上行动限
USL	上规格限
UWL	上警戒限
UCL_λ	EWMA 的上行动限
$\mathrm{UCL}_{\mathrm{MR}}$	MR 的上行动限
WLS	加强最小二乘拟合
WSSE	加权残差平方和
WSSE	加权实验平方和
WSSL	加权失拟平方和
WMSSE	加权残差均方
WMSSP	加权实验均方

WMSSL	加权失拟均方
μ	真值
σ	理论标准差
σ^2、σ_l^2 与 σ_p^2	测量系统的方差、实验均方与失拟均方
τ^2、τ_p^2 与 τ_l^2	测量系统的加权方差、加权实验均方与加权失拟均方
ν	自由度
χ^2	假设分布的适度检验,用于 R' 与 R 的比较
Δ	实际考虑的最低偏倚量
α	拒绝合格品的生产者风险
β	接受不合格品的使用者风险
$1-\beta$	偏倚检出功效
Ⅰ类错误概率的 α 水平	检测方法无偏操作的原假设被拒绝,从而造成决策失误的长期弃真概率
Ⅱ类错误概率的 β 水平	检测方法无偏操作的原假设不真但被接受,从而造成决策失误的长期存伪概率
λ	EWMA 叠加值的权重
ε	随机误差或残差
ω	标准化值

参考文献

[1]GB/T 228.1—2010 金属材料　拉伸试验　第1部分:室温试验方法[S].

[2]GB/T 380—77 石油产品硫含量测定法(燃灯法)[S].

[3]GB/T 1510—2006 锰矿石　铝含量的测定 EDTA 滴定法[S].

[4]GB 3095—2012 环境空气质量标准[S].

[5]GB/T 4882—2003 数据的统计处理和解释　正态性检验[S].

[6]GB/T 4887—2006 累积和图　运用累积和技术进行质量控制和数据分析指南[S].

[7]GB 5413.3—2010 食品安全国家标准　婴幼儿食品和乳品中脂肪的测定[S].

[8]GB/T 5487—2015 汽油辛烷值的测定研究法[S].

[9]GB/T 5750.7—2006 生活饮用水标准检验方法　有机物综合指标[S].

[10]GB/T 6379.2—2004 测量方法与结果的准确度(正确度与精确度)　第2部分:确定标准测量方法的重复性和再现性的基本方法[S].

[11]GB/T 1510—2006 锰矿石 铝含量的测定 EDTA 滴定法[S].

[12]GB/T 17657—1999 人造板及饰面人造板理化性能试验方法[S].

[13]GB 18581—2009 室内装饰装修材料 溶剂型木器涂料中有害物质限量[S].

[14]GB/T 18979—2003 食品中黄曲霉毒素的测定 免疫亲和层析净化高效液相色谱法和荧光光度法[S].

[15]GB/T 20123—2006 钢铁 总碳硫含量的测定 高频感应炉燃烧后红外吸收法(常规方法)[S].

[16]GB/Z 22553—2010 利用重复性、再现性和正确度的估计值评估测量不确定度的指南[S].

[17]GB/T 22554—2010 基于标准样品的线性校准[S].

[18]GB/T 27025—2008 检测和校准实验室能力的通用要求[S].

[19]GB/T 27407—2010 实验室质量控制　利用统计质量保证和控制图技术　评价分析测量系统的性能[S].

[20]GB/T27408—2010 实验室质量控制　非标准测试方法的有效性评价　线性关系[S].

[21]GB/T 27411—2012 检测实验室中常用不确定度评定方法与表示[S].

[22]GB/T 27412—2012 基于核查样品单次测量结果的实验室偏倚检出[S].

[23]GB/T 27413—2012 石油产品检测实验室质量控制与质量评估[S].

[24]GB/T 27415—2013 分析方法检出限和定量限的评估[S].

[25]GB/T 28043—2011 利用实验室间比对进行能力验证的统计方法[S].

[26]JJF 1001—2011 通用计量术语及定义[S].

[27]JJF 1059.1—2012 测量不确定度评定与表示[S].

[28] HJ/T 193—2005 环境空气质量自动监测技术规范[S].
[29] HJ 482—2009 环境空气二氧化硫的测定 甲醛吸收副玫瑰苯胺分光光度法[S].
[30] HJ 618—2011 环境空气 PM10 和 PM2.5 的测定 重量法[S].
[31] HJ 653—2013 环境空气颗粒物(PM10 和 PM2.5)连续自动监测系统技术要求及检测方法[S].
[32] CNAS-CL01—2006 检测和校准实验室能力认可准则[S].
[33] CNAS-CL10—2013 检测和校准实验室能力认可准则在化学检测领域的应用说明[S].
[34] CNAS-CL52—2015 检测和校准实验室能力认可准则应用要求[S].
[35] CNAS-GL02—2006 能力验证结果的统计处理和能力评价指南[S].
[36] CNAS-GL05—2011 测量不确定度要求的实施指南[S].
[37] CNAS-GL06—2006 化学分析中不确定度的评估指南[S].
[38] CNAS-GL34—2013 基质质控数据环境检测测量不确定度评定指南[S].
[39] CNAS-GL39—2016 化学分析实验室内部质量控制指南——控制图的应用[S].
[40] ISO 5725-2(1994) Accuracy (trueness and precision) of measurement methods and results—Part 2: Basic method for the determination of repeatability and reproducibility of a standard measurement method[S].
[41] Edition Guidelines for Evaluating and Expressing the Uncertainty of NIST Measurement Results, NIST Techniccal Note 1297(1994)[S].
[42] ISO 13528(2005) Statistical methods for use in proficiency testing by interlaboratory comparisons[S].
[43] ISO/IEC 17025(2005) General requirements for the competence of testing and calibration laboratories[S].
[44] ISO/IEC GUIDE 99(2007) International vocabulary of metrology—Basic and general concepts and associated terms (VIM)[S].
[45] Eurolab Technical Report No. 1/2007 Measurement uncertainty revisited: Alternative approaches to uncertainty evaluation[S].
[46] ISO/IEC GUIDE 98-3(2008) Uncertainty of measurement data—Part 3: Guide to the expression of uncertainty in measurement[S].
[47] ISO JCGM 104(2009) Evaluation of measurement data—An introduction to the "Guide to the expression of uncertainty in measurement and related documents"[S].
[48] BIPM JCGM 106-2012: Evaluation of measurement data - The role of measurement uncertainty in conformity assessment[S].
[49] Draper, N., and Smith, H., *Applied Regression Analysi* 2nd *ed.*, John Wiley & Sons, 1981.
[50] Duncan, A. J., *Quality Control and Industrial Statistics*, Fifth Edition, Irwin, Homewood, IL, 1986.
[51] Schuirmann, D. J., "A Comparison of the Two One-sided Tests Procedure and the Power Approach for Assessingt the Equivalence of Average Bioavailability," Journal of Pharmacoki-

netics and Biopharmaceutics, Vol. 15, 1987, pp. 657 -680.

[52]Neter, J. , et. Al. , *Applied Linear Statistical Models* 4th *ed.* , Richard D. Irwin, Inc. , 1989.

[53]Quesenberry, C. P. , "SPC Q - Charts for Start - up Processes and Short or Long Runs", Journal of Quality Technology, Vol 23, No. 3, July 1991, pp. 213 -224.

[54]Nilsson, G. (1991). Comparison of measurement methods based on a model for the error structure, *J Chemometrics*, 5, 523 -536.

[55]ASTM Research Report D2 -1481: Tutorial for Generalized Extreme Studentized Deviate Many Outlier Procedure.

[56]The ASQC Basic References in Quality Control: Statistical Techniques, Volume 16:"How to Detect and Handle Outliers", Boris Iglewicz and C. Hoaglin.

[57]Rosner, Bernard, "Percentage Points for a Generalized ESD Many - Outlier Procedure,"Technometrics 25: 165 -172.

[58]International Laboratory Accreditation Cooperation. ILAC - G8:Guidelines on assessment and reporting of compliance with specification.

[59]EURACHEM/CITAC Guide:Use of uncertainty information in compliance assessment.

[60]Limentani, G. B. , Ringo, M. C. , Ye, F. , Bergquist, and M. L, McSorley, E. O. ,"Beyongd the t - Test: Statistical Euivalence Testing," Analytical Chemistry, June 1, 2005, pp. 221A -226A.

[61]Chambers, D. , Kelly, G. , Limentani, G. , Lister, A, Lung, K. R. , and Warner, E. , "Analytical Method Equivalency - An Acceptable Analytical Practice", Pharmaceutical Technology, September 2005, pp. 64 -80.

[62]Thompson & Lowthian, "The Horwitz Function Revisited" J. AOAC International 80, 676 - 679 (1997).

[63]Horwitz, W. , Kamps, L. r. , and Boyer, K. W. (1980) J. Assoc. Off. Anal. Chem. 63, 1344 -1354.

[64]Horwitz, W. (1982) Anal. Chem. 54, 67A -76A.

[65]Margosis, M. , Horwitz, W. , and Albert, R. (1988) J. Assoc. Off. Anal. Chem. 71, 619 -635.

[66]Horwitz, W. , Britton, P. , and Chitrel, S. J. (1998) J. Assoc. Off. Anal. Chem. 81, 1257 -1265.

[67]COMMISSION DECISION of 14 August 2002, Implementing Council Directive 96/23/EC concerning the performance of analytical methods and the interpretation of results, (notified under document number C(2002) 3044) (Text with EEA relevance) 2002/657/EC.

[68]L. A. Currie, ed. , Detection in Analytical Chemistry—Importance, Theory, and Practice, American Chemical Society, Chaper 1, 1988, p. 10.

[69]Currie, L. , "Nomenclature in Evaluation of Analytical Methods Including Detection and Quantification Capabilities," Pure and Applied Chemistry, Vol 67, 1995, pp. 1699 -1723.

[70]Hahn, G., and Meeker, W., Statistical Intervals——A Guide for Practitioners, Wiley, New York, 1991, pp. 34 -36, 41 -52.

[71]Caulcutt, R., and Boddy, R., Statistics for Analytical Chemists, Chapman and Hall, New York, 1983, pp. 79 -85, 100 -110, 114 -123.

[72]Carroll, r. J., and Rupper, D., Transformations and Weighting in Regression, Chapman and Hall, 1988, Chaper 3, pp. 63 -114.

[73]Maddalone, R., Rice, J., et al, "Defining Detection and Quantitation Limits," Water Environment and Technology, Vol 5, No. 3, January 1993, pp. 41 -44.

[74]Coleman, D., Auses, J., and Grams, N., "Regulation——From an Industry Perspective or Relationships Between Detection Limits, Quantitation Limits, and Significant Digits," Chemometrics and Intelligent Laboratory Systems, Vol 37, 1997, pp. 71 -80.

[75]Gibbons, R., Coleman, D., and Maddalone, r., "An Alternative Minimum Level Definition for Analytical Quantification," environmental Science and Technology, Vol 31, 1977, pp. 2071 -2077.

[76]张世箕. 测量误差及数据处理[M]. 北京:科学出版社,1979.

[77]R. G. D. 斯蒂尔 J. H. 托里. 数理统计的原理和方法[M]. 北京:科学出版社,1979.

[78]盛宝忠,质量检验[M]. 上海:上海交通大学出版社,1988.

[79]王众托,系统工程引论[M]. 北京:电子工业出版社,1991.

[80]钱俊龙,等. 概率论与应用统计[M]. 北京:中国统计出版社,1992.

[81]David Freedman,等. 统计学[M]. 北京:中国统计出版社,1997.

[82]王斗文. 分析实验室质量和能力要求[M]. 北京:中国标准出版社,2004.

[83]张忠占,谢田法,杨振海. 应用数理统计[M]. 北京:高等教育出版社,2011.

[84]王斗文,万秉忠. 统计质量保证技术在分析测试实验室内部质量控制中的应用[J]. 分析测试学报,2001,20(2):42 -46.

[85]王斗文,赵恒英,曾泽,等. 原子吸收光谱仪测量体系的受控分析[J]. 光谱实验室,2002,19(1):50 -55.

[86]王斗文,赵嗣奇,卫锋,等. 分光光度法测定金属硅中铁的线性校正与受控下的不确定度评估[J]. 分析试验室,2004,10(10):61 -65.

[87]王斗文,牛兴荣,张明霞,等. 分析测试实验室内部质量控制中移动极差合并统计监控技术下的不确定度动态测量评估[J]. 分析测试学报,2004,23(5):32 -37.

[88]王斗文,黄道臣,赵守成,等. AAS 测量体系线性校正下的不确定度受控分析[J]. 中国计量学院学报,2004,15(2):108 -116.

[89]王斗文,赵雪蓉,曾泽,等. 采用移动极差统计合并技术来监控 ICP - AES 测量系统的不确定度[J]. 光谱学与光谱分析,2004,24(10):1248 -1252.

[90]王斗文,孟庆涛,梁青龙. 研究法汽油辛烷值检测系统的 MR 统计合并监控与测量不确定度评估[J]. 计量学报,2004,25(4):374 -379.

[91]王斗文,韩大卫,于华. 电感耦合等离子体 - 原子发射光谱法测定金属硅中铁含量的不确

定度评估[J]. 计量学报,2005,26(1):93 – 96.

[92]Dou Wen Wang, Shao Wei Wang, and Si Qi Zhao. Estimation of the Uncertainty of Fe in Metallic Silicon Determined by Inductively Coupled Plasmas – Atomic Emission Spectroscopy[J]. Journal of Testing and Evaluation, Vol 33, No. 3, 2005, pp. 211 – 215.

[93]Wang, D. W., S, H. R., Pan, Z. Q., Deng, Y., Liang, C. Z., and Feng, O. Monitoring on the AutoAnalyzer System in – Statistical – Control for SO_2 in Atmosphere with Top – Down Uncertainty Evaluation[J]. Journal of Testing and Evaluation, Vol 45, No. 2, 2017.